図解

世界自然遺産で見る 地球46億年

目代邦康 監修

実務教育出版

はじめに

私たち人類が暮らす地球は、誕生から46億年の歴史を経て、現在のような環境となりました。誕生の当初は、地球は生物の生存に適した星ではありませんでした。しかし、地球の進化の歴史の中で、環境が徐々に変化し、生命の星となり、人類が誕生しました。そして、現在もその変化は続いています。

人類が文字で記録を残すようになる以前の地球の歴史は、地層や地形の中に記録されています。研究者は、地層や地形の分析から、過去の地球の様子を読み解いてきました。そして、地球が今後どのような変化をしていくのかを予測するときには、地層や地形の分析結果に基づいて考えるしかありません。私たちは、地球の成り立ち、仕組みを知ることで、変動する地球で暮らしていくことができるようになるのです。

地球には、地球の成り立ちを知ることができる貴重で面白い場所が各地にあります。そうした場所は放っておくと、その価値に気付かれず、開発のために破壊されてしまうことがしばしばあります。貴重で面白い地形や地層の多くは、一度きりの大事件で作られたものや、その形成に長い年月がかかるものです。そのため、一度破壊されてしまうと二度とつくられることはありません。地球の歴史が刻まれた地層や地形は、何らかの形で保護していかなければいけない貴重なものなのです。

世界遺産は、人類にとって価値のあるものを将来的に残していこうという

仕組みです。その世界遺産では、地球の歴史を知ることができる場所がいくつか登録されています。本書では、そうした世界自然遺産を取り上げ、それらがどのようにしてつくられてきたのか、またどのような価値を持つ場所なのか解説をしています。

本書では、取り上げた世界自然遺産に分布する地層の時代や、そこに関連する現象が起こった時代によって、整理しています。地球の歴史を先カンブリア時代、古生代、中生代、新生代と古い時代から順に並べ、その４つの区分で世界自然遺産を紹介しています。

地球の歴史は、人の一生に比べると大変長いので、古い時代の事柄はイメージがつきにくいかもしれません。整理の都合上、古い時代から紹介していますが、特に、順番に読んでいただかなくても、それぞれの世界自然遺産の内容がわかるようになっています。

本書では、写真と解説で、世界遺産などの優れた自然を持つ場所の、自然のすばらしさ、価値をお伝えしようとしています。しかし、本のなかで語れることはごくわずかで、そこの魅力のごく一部しか伝えられていないと思います。自然の素晴らしさは、その場に行って、そのものを自身の目で見て体験しないと感じとれないためです。この本をお読みになって、実際にその世界遺産に行ってみたいと思っていただければ、本書をつくった者として望外の喜びです。自然の偉大さを現地で感じていただき、地球のすばらしさそして不思議さについて思いを馳せていただきたいと思います。

２０１６年12月吉日

目代邦康

Contents

Contents

●本書に掲載のデータは、2016年11月時点のものです。
●世界遺産の英語表記は、ユネスコのウェブサイトの記載に基づいています。日本語表記は，公益社団法人日本ユネスコ協会連盟のウェブサイトの記載に基づいています。
ただし、「ダイナソール州自然公園」は、分かりやすさを考え、「恐竜州立自然公園」ではなく、「ダイナソール州立自然公園」と表記しています。

日本語
http://www.unesco.or.jp/isan/list/
英　語
http://whc.unesco.org/en/list/

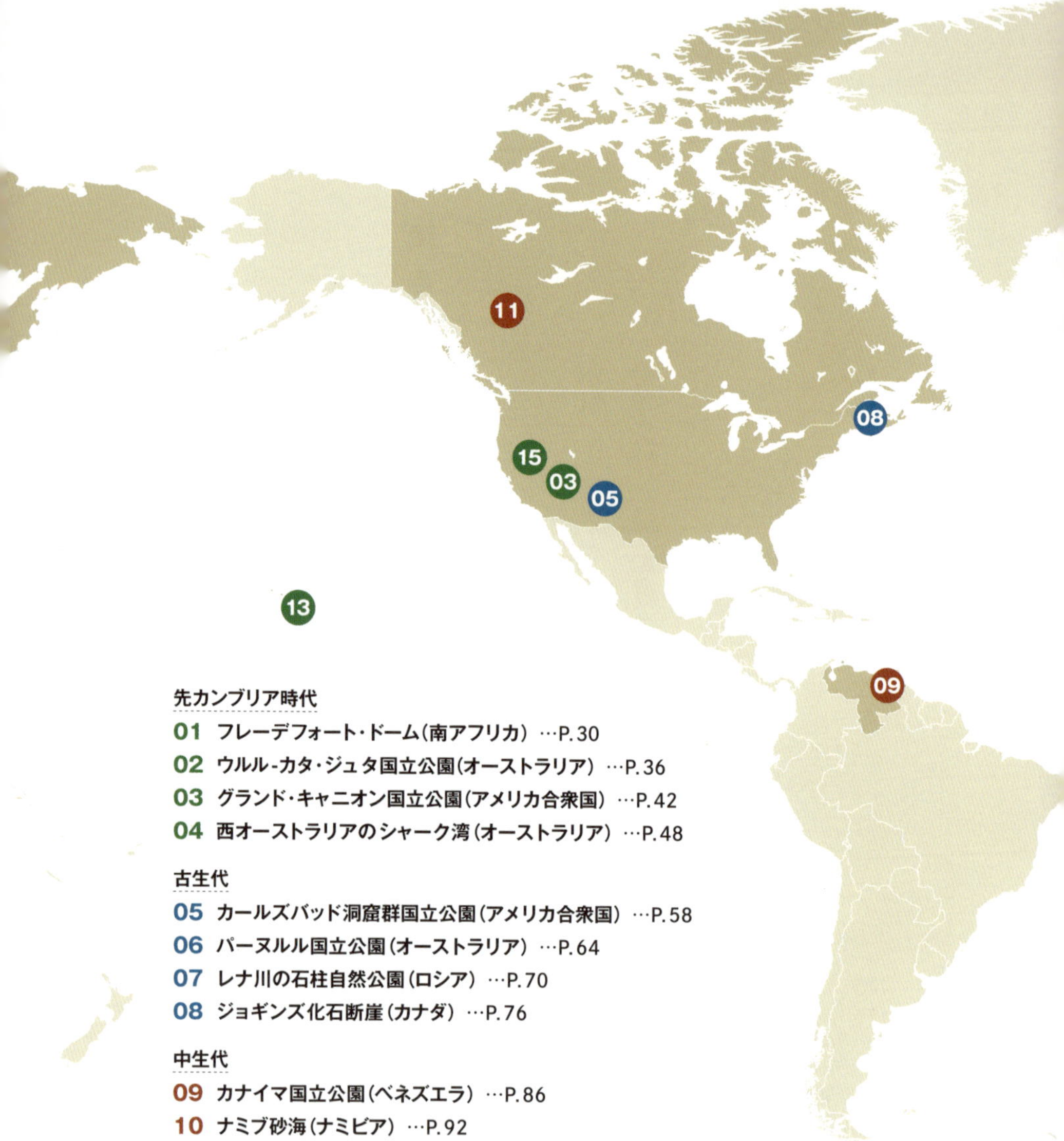
11
08
15
03
05
13
09

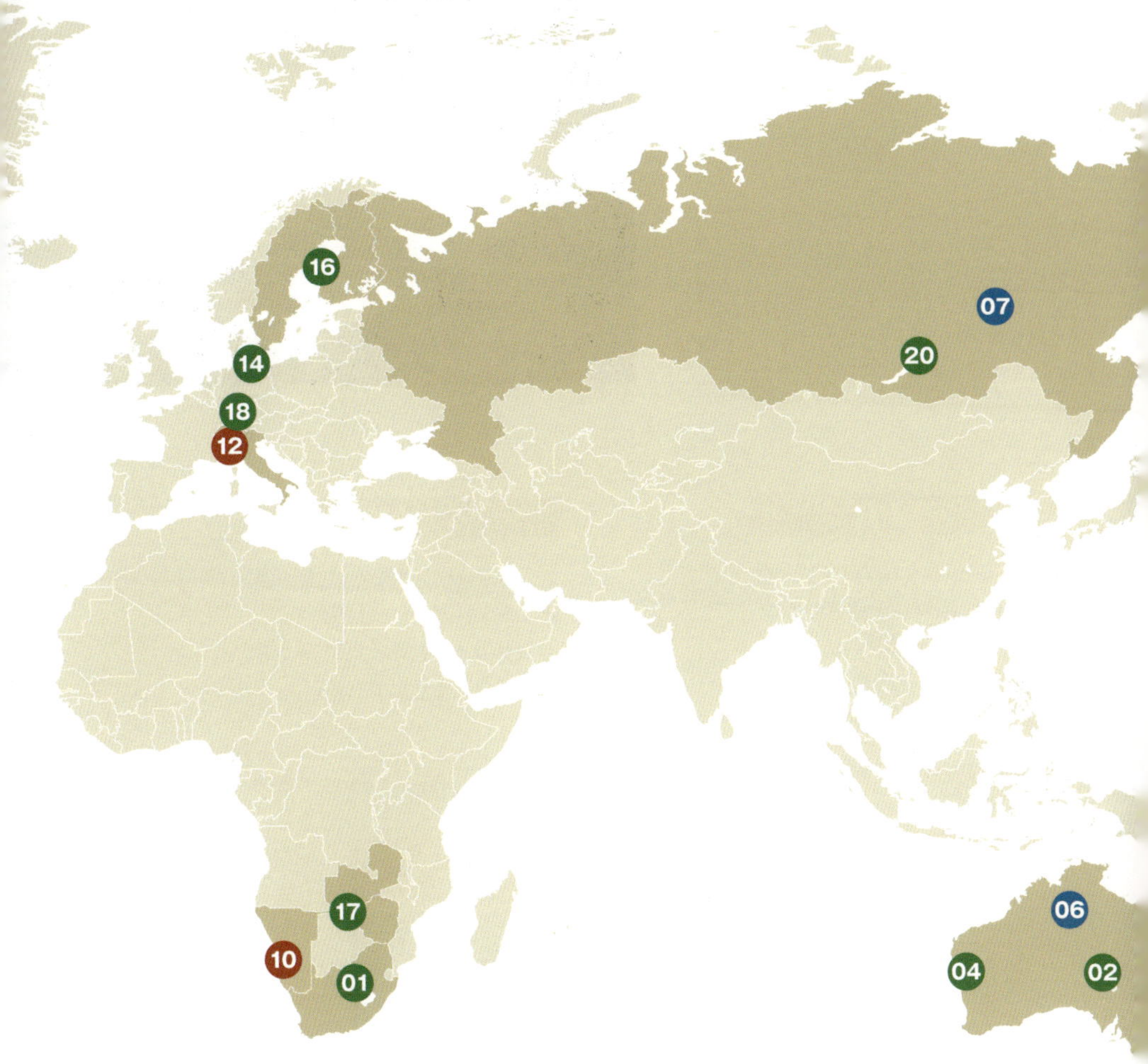

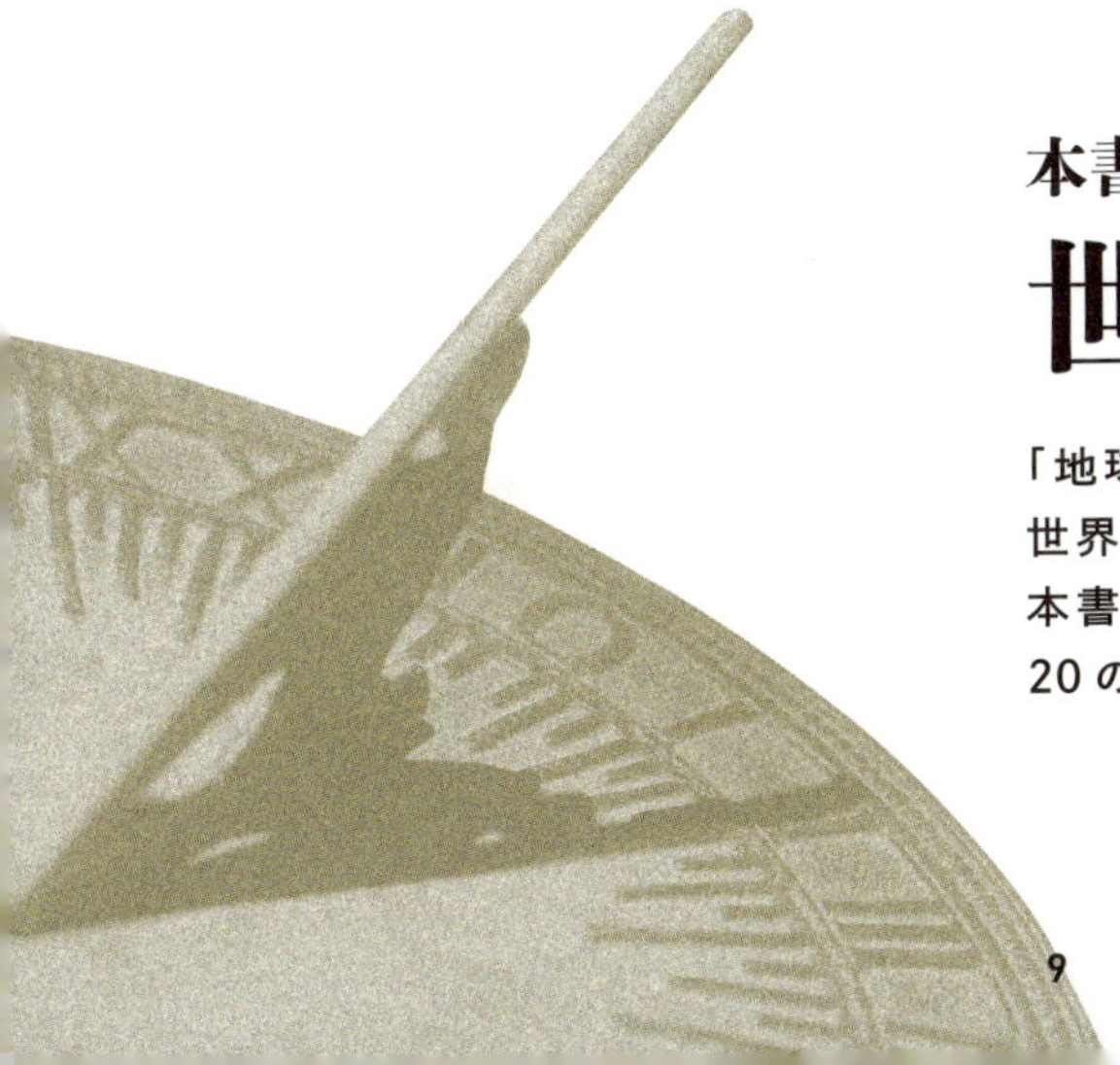

本書で紹介する

世界遺産

「地球の歴史」を物語る遺産は、
世界各地に散在しています。
本書では、その歴史が顕著にわかる
20の遺産を紹介します。

地球の歴史はこうして始まった

原始の地球は、マグマの海(マグマオーシャン)で覆われていたという説が有力。また微少な惑星や隕石も、ひっきりなしに落下し、荒々しい光景が広がっていたと考えられています。

4億年前

深海にひっそり棲む生きた化石、シーラカンスが登場したのは、デボン紀。白亜紀末の大量絶滅を生き延びたのは驚きです。

6600万年前

巨大な隕石の衝突で、生物が大量に絶滅したという説が有力。中生代に大繁栄した恐竜も例外ではありませんでした。

顕生代							
		中生代			新生代		
石炭紀	ペルム紀	三畳紀	ジュラ紀	白亜紀	古第三紀	新第三紀	第四紀
億 0万	2億 9890万	2億 5200万	2億 100万	1億 4500万	6600万	2303万	258万

2億9000万年前

石炭紀の森には、巨大なトンボ、メガネウラのような大型昆虫が生息。翅《はね》を開くと最大70cm近くになる種もありました。

1万年前

現在まで続く氷河時代の中の間氷期がスタートしました。

46億年を振り返る
地球の歴史年表

地球が誕生してから46億年。地球の歴史の分類をするときは、「代」や「紀」で分けられています。本書では、各章を「代」に分けて紹介しています。掲載する遺産が何億年、何千年前のものなのかを、年表で把握しておきましょう。

※年代は国際地質科学連合国際層序委員会の国際年代層序表(2015年1月)によります。

46億年前

超新星の爆発でできた太陽系。地球は、そのときのチリが集まってできたと考えられています。

7億年前

大気中の二酸化炭素濃度が低下。気温も下がり、氷河の面積が広がり、全球が凍結し、スノーボールアースになりました。

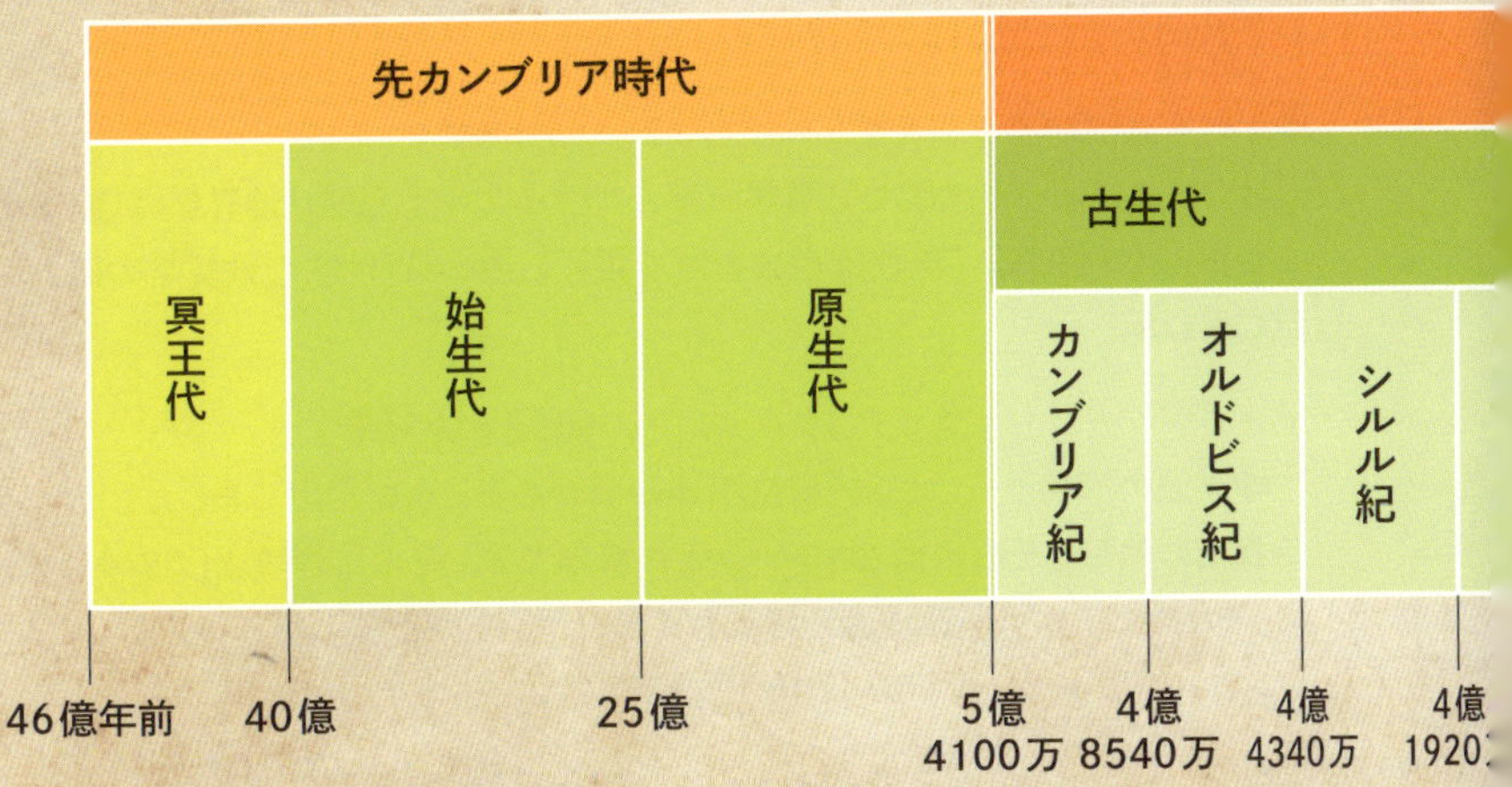
先カンブリア時代
冥王代
始生代
原生代
古生代
カンブリア紀
オルドビス紀
シルル紀
46億年前
40億
25億
5億4100万
4億8540万
4億4340万
4億

27億年前

シアノバクテリアが誕生。その後、その光合成によって大量の酸素がつくられ、生物が暮らせる環境になりました。

5億4100万年前

現在の動物の祖先とも考えられる種類の動物が大量に誕生しました。このできごとを「カンブリア大爆発」とよんでいます。

Column 1

地球科学研究に名を残した研究者

地球のことを理解する学問を地球科学といいます。中学校や高校では地学として学ぶ領域です。地球科学は、数多くの研究の積み重ねで発展してきました。過去、地球科学の発展に大きく貢献した科学者を紹介します。

ウィリアム・スミス（イギリス、1769-1839年）

地質学の基本的な考え方である、古い地層の上に新しい地層がのるという「地層累重の法則」と、離れた場所にある地層でも同じ特徴的な化石がでるのであれば、それらの地層は同じ時代のものであるという「地層同定の法則」を編み出しました。また、彼がつくったイギリス全土の地質図は、世界初の地質図といわれています。

アレクサンダー・フォン・フンボルト（ドイツ、1769-1859年）

中南米探検の経験をもとに、動植物の生態と気候環境の関係について研究を行い近代的な自然地理学の基礎を築きました。

チャールズ・ライエル（イギリス、1797-1875年）

オックスフォード大学で地質学を学んだライエルは、著者『地質学原理』を著しました。その中で、「現在は過去を解く鍵」と述べ、近代的な地質学の確立に貢献しました。

アンドリア・モホロビチッチ（クロアチア、1857-1936年）

地震波の解析から、地球内部に不連続面があることを見出しました。それは地球表面の地殻とその内部のマントルとの境界です。その不連続面は彼の名をとって、モホロビチッチ不連続面と呼ばれます。マントルと核の境界は、ベノー・グーテンベルク（ドイツ、1889-1960年）が発見しています。

アルフレート・ヴェーゲーナー（ドイツ、1880-1930年）

地球の表面は十数枚のプレートによって覆われていて、そのプレートが動き、火山活動や地殻変動が起こっているという考え方は、プレートテクトニクスと呼ばれています。この考え方が確立するはるか以前にヴェーゲーナーは、大陸移動説を唱えました。そのアイデアはあまりにも斬新なものだったため、当時の学会には受け入れられませんでした。

第1章

世界遺産と地球の歴史

おさえておきたい基礎知識3

Contents

世界遺産とは？

未来へ引き継ぐべき顕著な普遍的価値をもつ宝物

世界遺産は「現在を生きる世界中の人びとが過去から引き継ぎ、未来へと伝えていかなければならない人類共通の遺産」とされています。1972年にユネスコ総会で採択された「世界の文化遺産及び自然遺産の保護に関する条約」（通称…世界遺産条約）に基づいて登録作業が行われています。

世界遺産として登録されるのは、「顕著な普遍的価値(OUV…Outstanding Universal Value)」があると認められたものです。それは対象によって3つに分類されています。記念物、建造物群、遺跡、文化的景観が「文化遺産」、地形や地質、生態系、絶滅のおそれのある動植物の生息・生育地が「自然遺産」、文化遺産と自然遺産の両方の価値を兼ね備えているものが「複合遺産」です。

〝顕著な普遍的価値〟とは、「国家という枠組みを越え、人類全体にとって現在だけでなく将来世代にも共通した重要性をもつような、傑出した文化的な意義や自然的な価値」を意味します。この〝顕著な普遍的価値〟の判断基準として、ユネスコでは、10の評価基準を設けています。

本書では、「自然遺産」の中で、評価基準の（ⅷ）を満たす、地球の歴史に関わる遺産を取り上げ、解説しています。

世界遺産登録までの流れ

1 条約締約国の推薦
国内の世界遺産暫定リストの中から条件が整ったものを世界遺産委員会に推薦。

▼

2 専門機関による調査
文化遺産は国際記念物遺跡会議（ICOMOS）、自然遺産は国際自然保護連合（IUCN）が調査。

▼

3 世界遺産委員会（原則年１回）
専門機関からの報告書をもとに世界遺産リストに登録するかどうかを決定。条約締約国21カ国の代表から構成された世界遺産委員会が、新規に世界遺産に登録される物件や拡大物件、「危機にさらされている世界遺産」（危機遺産）などの登録および削除を行います。

参照：http://www.unesco.or.jp/isan/about/

世界遺産の評価基準

世界遺産委員会の定める10 の評価基準(クライテリア)を１つでも満たすと判断され、さまざまな検討を経て、世界遺産に登録されます。(viii)を満たしたものが、地球の歴史に関わる遺産です。

(ｉ)
人類の創造的資質を示す傑作。

(ii)
建築や技術、記念碑、都市計画、景観設計の発展において、ある期間または世界の文化圏内での重要な価値観の交流を示すもの。

(iii)
現存する、あるいは消滅した文化的伝統または文明の存在に関する独特な証拠を伝えるもの。

(iv)
人類の歴史上において代表的な階段を示す、建築様式、建築技術または科学技術の総合体、もしくは景観の顕著な見本。

(ｖ)
ある文化(または複数の文化)を代表する伝統的集落や土地・海上利用の顕著な見本。または、取り返しのつかない変化の影響により危機にさらされている、人類と環境との交流を示す顕著な見本。

(vi)
顕著な普遍的価値をもつ出来事もしくは生きた伝統、または思想、信仰、芸術的・文学的所産と直接または実質的関連のあるもの(この基準は、他の基準とあわせて用いられることが望ましい)。

(vii)
ひときわ優れた自然美や美的重要性を持つ、類まれな自然現象や地域。

(viii)
生命の進化の記録や地形形成における重要な地質学的過程、または地形学的・自然地理学的特徴を含む、地球の歴史の主要段階を示す顕著な見本。

(ix)
陸上や淡水域、沿岸、海洋の生態系、また動植物群集の進化、発展において重要な、現在進行中の生態学的・生物学的過程を代表する顕著な見本。

(ｘ)
絶滅の恐れのある、学術上・保全上顕著な普遍的価値をもつ野生種の生息地を含む、生物多様性の保全のために最も重要かつ代表的な自然生息域。

地球の歴史に関する世界遺産

地球の歴史に関する90の世界遺産

2016年9月現在、世界遺産の数が1052にのぼります。そのうち、評価基準(viii)を満たす世界遺産は、90件あります（複合遺産も含む）。日本には、残念ながら(viii)を満たす世界遺産はありません。

地層が露出している峡谷や山、カルスト地形や鍾乳洞、フィヨルド、火山、恐竜や古生物の化石といったものが登録されています。

国立公園として整備・管理されている遺産も多く、それぞれの場所でダイナミックな自然を体感することができます。

ここでは、本編で紹介しない70の遺産をリストと地図で紹介します。

国名	遺産名	種別
アルジェリア	01タッシリ・ナジェール	複合
アルゼンチン	02ロス・グラシアレス国立公園	自然
	03イスチグアラスト／タランパジャ自然公園群	自然
オーストラリア	04ウィランドラ湖群地域	複合
	05タスマニア原生地域	複合
	06クインズランドの湿潤熱帯地域	自然
	07オーストラリアの哺乳類化石地域（リヴァーズレー／ナラコーテ）	自然
	08ハード島とマクドナルド諸島	自然
	09マッコーリー島	自然
	10オーストラリアのゴンドワナ雨林	自然
	11グレート・バリア・リーフ	自然
ブルガリア	12ピリン国立公園	自然
カナダ	13ナハニ国立公園	自然
	14クルアーニー／ランゲル-セント・イライアス／グレーシャー・ベイ／タッチェンシニー-アルセク	自然
	15カナディアン・ロッキー山脈自然公園群	自然
	16グロス・モーン国立公園	自然
	17ミグアシャ国立公園	自然
	18ミステイクン・ポイント	自然
中国	19雲南三江併流の保護地域群	自然
	20中国丹霞	自然
	21中国南方カルスト	自然
	22澄江の化石産地	自然
コスタリカ	23タラマンカ地方-ラ・アミスター保護区群／ラ・アミスター国立公園	自然

クロアチア	㉔プリトヴィッチェ湖群国立公園	自然
キューバ	㉕グランマ号上陸記念国立公園	自然
コンゴ民主共和国	㉖ヴィルンガ国立公園	自然
デンマーク	㉗イルリサット・アイスフィヨルド	自然
	㉘ワッデン海	自然
ドミニカ国	㉙モーン・トロワ・ピトンズ国立公園	自然
エクアドル	㉚ガラパゴス諸島	自然
	㉛サンガイ国立公園	自然
エジプト	㉜ワディ・エル-ヒータン(クジラの谷)	自然
フランス	㉝ポルト湾：ピアナのカランケ、ジロラッタ湾、スカンドラ保護区	自然
	㉞ピレネー山脈-ペルデュ山	複合
ドイツ	㉟メッセル・ピットの化石地域	自然
	㉘ワッデン海	自然
ホンジュラス	㊱リオ・プラタノ生物圏保存地域	自然
ハンガリー	㊲アグテレック・カルストとスロバキア・カルストの洞窟群	自然
インドネシア	㊳ロレンツ国立公園	自然
イラン	㊴ルート砂漠	自然
イタリア	㊵エオリア諸島	自然
	㊶ドロミーティ	自然
	㊷エトナ山	自然
ケニア	㊸トゥルカナ湖国立公園群	自然
マレーシア	㊹グヌン・ムル国立公園	自然
メキシコ	㊺ピナカテ火山とアルタル大砂漠生物圏保存地域	自然
モンテネグロ	㊻ドゥルミトル国立公園	自然
オランダ	㉘ワッデン海	自然
ニュージーランド	㊼テ・ワヒポウナム-南西ニュージーランド	自然
	㊽トンガリロ国立公園	複合
ノルウェー	㊾西ノルウェーフィヨルド群-ガイランゲルフィヨルドとネーロイフィヨルド	自然
パナマ	㉓タラマンカ地方-ラ・アミスター保護区群/ラ・アミスター国立公園	自然
ペルー	㊿ワスカラン国立公園	自然
韓国	(51)済州火山島と溶岩洞窟群	自然
ロシア	(52)カムチャツカ火山群	自然
セントルシア	(53)ピトンズ・マネジメント・エリア	自然
セーシェル	(54)メ渓谷自然保護区	自然
スロバキア	㊲アグテレック・カルストとスロバキア・カルストの洞窟群	自然
スロベニア	(55)シュコツィアン洞窟群	自然
スペイン	㉞ピレネー山脈-ペルデュ山	複合
	(56)テイデ国立公園	自然
スウェーデン	(57)ラポニアン・エリア	複合
スイス	(58)スイス・アルプス ユングフラウ-アレッチュ	自然
タジキスタン	(59)タジク国立公園(パミール山脈)	自然
イギリス	(60)ジャイアンツ・コーズウェーとコーズウェー海岸	自然
	(61)ドーセット及び東デヴォン海岸	自然
タンザニア	(62)ンゴロンゴロ保全地域	複合
アメリカ合衆国	(63)イエローストーン国立公園	自然
	(64)エヴァグレーズ国立公園	自然
	⑭クルアーニー/ランゲル-セント・イライアス/ グレーシャー・ベイ/タッチェンシニー-アルセク	自然
	(65)マンモス・ケーヴ国立公園	自然
	(66)グレート・スモーキー山脈国立公園	自然
	(67)パパハナウモクアケア	複合
ベトナム	(68)フォンニャ-ケバン国立公園	自然
	(69)チャン・アン複合景観	複合
	(70)ハロン湾	自然

27
13
15
14
17
16
18
63
65
66
45
64
29
67
25
53
36
23
30
31
50
57
03
49
48
47
02
60
09
28
61
35
41
37
58
55
34
33
24
12
46
40
42

評価基準（viii）を満たす世界遺産MAP

※本編で紹介していないもののみ

本書では、地球の歴史に関する世界遺産について、形成メカニズムの観点から４つに分類。そこに現れている地層の時代や形成期から時代を区分し、その中から本編で20遺産を選んで紹介しています。P8～9の地図と併せてご覧ください。

プレートの影響 隆起地形、断層、火山など	気候の変動 カルスト地形、氷河など	太陽系の影響 隕石痕など
・ウルル-カタ・ジュタ国立公園 **・グランド・キャニオン国立公園**		**・フレーデフォート・ドーム**
	・パーヌルル国立公園 **・カールズバッド洞窟群国立公園** **・レナ川の石柱自然公園**	
・カナイマ国立公園	**・ナミブ砂海**	
・ハワイ火山国立公園 **・ハイ・コースト／クヴァルケン群島** **・モシ・オ・トゥニャ／ヴィクトリアの滝** **・スイスのサルドーナ地殻変動地帯** **・バイカル湖**	**・ヨセミテ国立公園** **・フレーザー島** ・ロス・グラシアレス国立公園 ・グレート・バリア・リーフ ・シュコツィアン洞窟群 ・プリトヴィッチェ湖群国立公園 ほか	**・スティーブンス・クリント**

太字は本編で紹介している世界遺産、
細字はコラムで紹介している主な世界遺産です。

地質時代		分類 **生物の進化** 化石産地など
	先カンブリア時代	**・西オーストラリアのシャーク湾**
カンブリア紀	古生代	**・ジョギンズ化石断崖** ・オーストラリアのゴンドワナ雨林 ・タスマニア原生地域
オルドビス紀		
シルル紀		
デボン紀		
石炭紀		
ペルム紀		
三畳紀	中生代	**・ダイナソール州立自然公園** **・サン・ジョルジオ山** ・クインズランドの湿潤熱帯地域
ジュラ紀		
白亜紀		
古第三紀	新生代	・メッセル・ピットの化石地域 ・オーストラリアの哺乳類化石地域
新第三紀		
第四紀		

地球の歴史を理解する5つのキーワード

高校の地学でおなじみの基本用語をおさらい

本書を手に取ってくださった方は、きっと、高校時代に地学に興味を持っていたのではないでしょうか？　本書の内容は、高校の地学の知識さえお持ちであれば十分に理解できる内容ではありますが、なかには、すでに記憶が薄れている方も多いでしょう。

あるいは、「『世界遺産』には興味があるけど、地学はちょっと苦手……」「文系の頭でも理解できるかな……」という方もいらっしゃるかもしれません。

そこで、これから読み進めていただくにあたり、頻出のキーワードをまとめて解説しておきたいと思います。

読んでいて分からなくなったら、いつでも見返してみてください。繰り返し参照すれば、地球の歴史について、より理解が深まるはずです。

キーワード❶
プレートテクトニクス
⇓スイスのサルドーナ地殻変動地帯
（P144～149）なども参照

キーワード❷
隆起と断層
⇓グランド・キャニオン国立公園
（P42～47）なども参照

キーワード❸
風化と侵食
⇓パーヌルル国立公園
（P64～69）なども参照

キーワード❹
堆積《たいせき》岩、火成《かせい》岩、変成《へんせい》岩
⇓ハワイ火山国立公園
（P114～119）なども参照

キーワード❺
地層と化石
⇓ダイナソール州立自然公園
（P98～103）なども参照

キーワード 1

プレートテクトニクス

地球の表面は、プレートと呼ばれる十数枚の岩板におおわれています。これらのプレートは、それぞれ異なった向きに、1年で1～10㎝ほど動いています。そのため、地震活動や火山活動が起こり、山脈などの地形がつくられています。このプレートは、地球の内部を、動き方により分類したもので、地球表面の動きが活発な部分を指します。海洋プレートの厚さは5㎞程度で、大陸プレートは数十㎞から100㎞になります。

地球の内部を化学的な特徴で区分すると、表面の地殻と、その下部のマントル、そして地球の中心にある核とに分かれます。プレートは、物理的な特徴で分類されたもので、地殻とマントルの最上部のことです。

このプレートの動きによって、地球の様々な現象を説明する考え方をプレートテクトニクスと呼び、現代の地球科学の基本となっています。

図 00-1 地球内部の構造

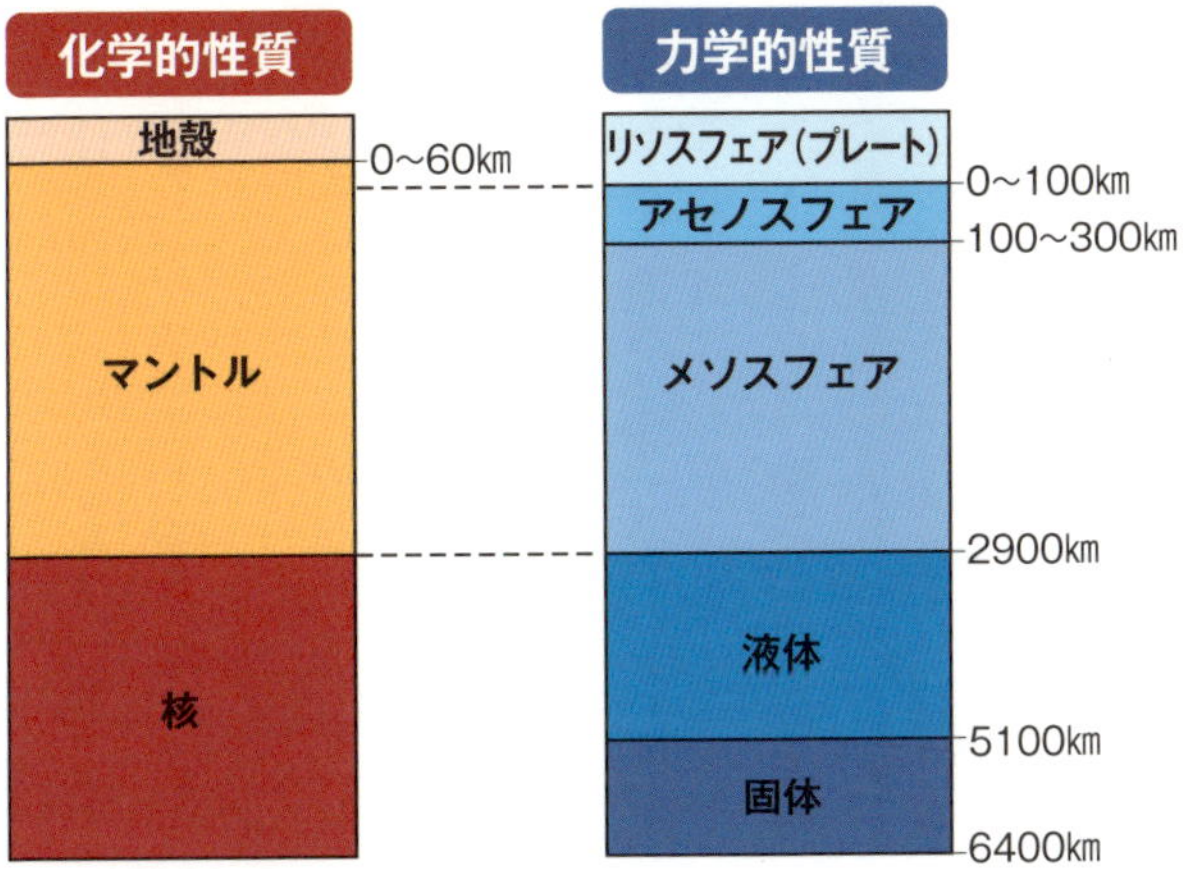
化学的性質
地殻
マントル
核
0～60㎞
力学的性質
リソスフェア（プレート）
アセノスフェア
メソスフェア
液体
固体
0～100㎞
100～300㎞
2900㎞
5100㎞
6400㎞

リソスフェア（プレート）は、化学的性質で分けると、地殻とマントル最上部にあたります。

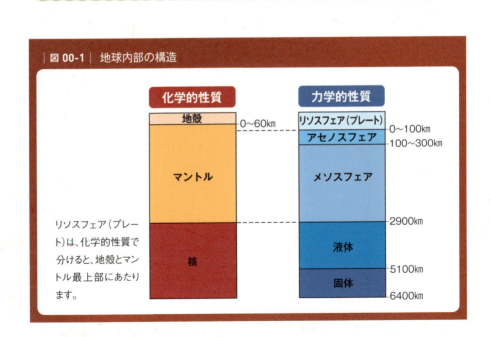

キーワード 2

隆起と断層

地球表面では、プレートが動いているため、地面が押されているところや、引っ張られているところが生まれます。押される力に地盤が耐えられなくなると、たわむか、あるいは割れて盛り上がります。こうした盛り上がる現象を隆起といいます。地球上の数多くの山脈は、隆起によりつくられたものです。隆起に対して、地面が沈むことを沈降といいます。

隆起や沈降、あるいは水平方向に地面が動くときには、どこかで地面が割れます。この割れた場所を断層といいます。断層の中でも特に大規模なものは構造線といわれます。この断層の中で、過去数十万年の間に動いてきたものは、現在の地形の形成に大きな影響を与えてきたもので、今後も動く可能性が高いものです。直下型地震と呼ばれる地震は、この活断層により引き起こされます。

キーワード 3

風化と侵食

岩盤は、地表で温度変化や化学的成分の流出、生物などの働きによって徐々にもろくなり、破壊されていきます。この現象を風化といいます。風化した岩盤は、地震時や豪雨時に崩れます。また、河川などの流水の働きや風、波、氷河などによって削られていきます。この削られる働きを侵食といいます。

地下から隆起してきた岩盤は、風化し、崩れ、侵食されていきます。地面は隆起すると同時に、削られているのです。

岩盤が、崩れ、侵食されたものは、最初は大きな岩（礫《れき》）ですが、川の中で移動していくときに徐々に、小さくなり、砂や泥となります。この移動する働きを川の運搬作用といいます。そして、それらは湖や海の底に沈み、地層をつくります。この働きは堆積作用と呼ばれます。

キーワード 4

堆積岩、火成岩、変成岩

日本列島では、岩盤は、山や海岸で見ることができます。この岩盤の上に砂や泥などの地層が堆積しています。岩盤は、大きく3種類に分類されます。もともと海や湖の底に堆積した地層が、長い時間をかけて固まった堆積《たいせき》岩、地下のマグマが冷えて固まった火成《かせい》岩、そして、堆積岩や火成岩が、地下で高温や高圧力の影響を受け、岩石の性質が変わった変成《へんせい》岩です。

堆積岩は、名前が、もとの地層を示しています。もとが石ころであれば礫岩、砂であれば砂岩、泥であれば泥岩《でいがん》となります。サンゴ礁や海洋の生物の遺がいが固まった石灰岩も堆積岩に含まれます。

火成岩は、火山の働きによる地表でつくられる火山岩と、地下深いところで固まった深成《しんせい》岩とに分けられます。火山でみられる玄武《げんぶ》岩や安《あん》山《ざん》岩は火山岩です。墓石などに使われる花崗《かこう》岩は深成岩です。

キーワード 5

地層と化石

地層ができるときには、通常は古い地層の上に新しい地層がのるので、下にある地層ほど古くなります。ただし、大規模な断層の活動や地層がたわむ褶曲《しゅうきょく》現象があると、新しい地層の上に古い地層が現れることもあります。

堆積岩の地層には化石が含まれることがあります。かつての生物の遺がいだけでなく、足跡や巣穴、糞などの生物が生活していることによりできた痕跡も化石になります。

生物は広い範囲で分布し、また進化をします。そしてその遺がいは化石になります。こうした現象があるため、化石は、地層の時代を知るためのよい道具になります。遠く離れた地層でも、同じ化石がでてくれば、同じ時代の地層であることがわかります。現代ではこうした化石による地層の分類と放射性元素などを使った年代測定法によって、地質時代の年代が決められています。

Column 2

未来の世界自然遺産を探そう

世界遺産暫定リストの中には、評価基準(viii)に関わる遺産がいくつか見つかります。

世界遺産暫定リスト　http://whc.unesco.org/en/tentativelists/

タクラマカン砂漠－コトカケヤナギの森(中国) Taklimakan Desert—Populus Euphratica Forests

中国の内陸に広がる、温帯砂漠の代表例。タリム河流域には、6000万年前、新生代古第三紀から生き残っているコトカケヤナギの森が残っています。

レスボス島の化石の森(ギリシャ) Petrified Forest of Lesvos

針葉樹の森が2000万年前の大噴火によって火山灰で埋められて化石になっています。ユネスコ世界ジオパークにも認定されています。

ユカタン半島のチクシュルーブ・クレーターのセノーテ群(メキシコ)

Ring of Cenotes of Chicxulub Crater, Yucatan

巨大隕石の衝突痕のリングに添ってできたセノーテ(地下水が溜まった泉)。この巨大隕石の衝突により、恐竜が絶滅したと考えられています。ユカタン半島にはセノーテが数多く存在します。

ムシャ島とマスカリ諸島(ジブチ) Les îles Moucha et Maskali

タジェラ湾に浮かぶムシャ島とマスカリ諸島は、10万～14万年前の隆起によってできた島々。サンゴ礁やマングローブ林でも有名です。

暫定リスト登録年：2010年
評価基準：(viii)(ix)(x)

タクラマカン砂漠とフタコブラクダ

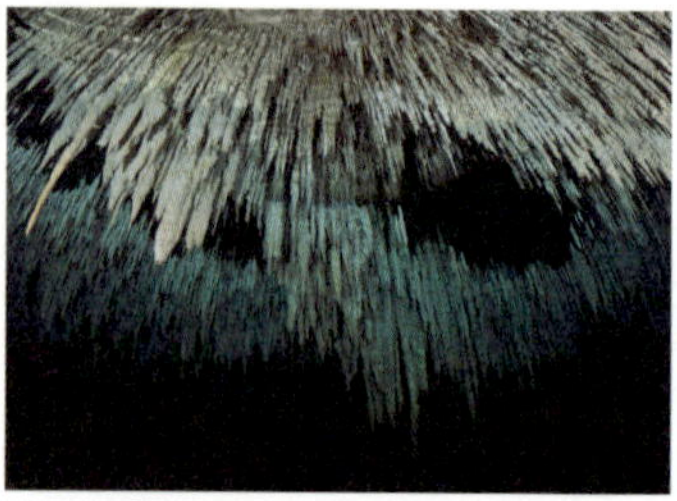

ユカタン半島のセノーテの内部

暫定リスト登録年：2012年
評価基準：(viii)

第2章

地球生誕から生命の発生

～謎多き未知の時代

先カンブリア時代がわかる遺産 4

Contents

展望

先カンブリア時代

地球の歴史の区分

人類は文字を発明し、様々な情報が記録されるようになりました。そうした記録から人類の歴史は解明されています。それでは、文字情報の記録が残されていない地球の歴史はどのように解明されてきたのでしょうか。

地球上に生物が誕生してからの歴史は、生物の痕跡である化石に基づいて、区分されています。生物は進化をし、新たな種が生まれ、また絶滅をするため、時代によって化石の種類が異なります。そうした生物の進化の歴史を化石から読み取ることにより、地質時代と呼ばれる地球の長い歴史を区分しています。

地球が誕生したのは46億年前です。星雲にあるガスや星のかけらが重力によって集まり微惑星をつくり、その微惑星の衝突・合体により惑星がつくられます。地球が誕生したときは、この衝突のエネルギーによって高温の状態になり、表面の岩石が溶けてしまうマグマの海（マグマオーシャン）の状態がつくられます。初期の地球では、生物が生育できる環境ではありませんでした。

その後、地球は冷え、大気が凝縮し、海が誕生します。そして生命が海で誕生することになります。この生命の痕跡は、地層の中に残り化石となります。化石が、生物の存在の証拠となっているのです。

硬い殻を持つ生物が地球上で大量に発生したのが5億4100万年前です。この時の生物の化石が、この時代の地層から産出しています。ここから現代まで、地球の歴史は化石として記録されている生物の進化の歴史に基づいて区分されて、大きく次の3つに分けられています。

1つ目は、無脊椎《むせきつい》動物や魚類、そして植物が繁栄した古生代《こせいだい》、2つ目は恐竜の時代である中生代《ちゅうせいだい》、3つ目は現代まで続く人類も含まれる哺乳類が繁栄している新生代《しんせいだい》です。いずれも「生」の字を使っていますが、これは生物で区分していることを示しています。

古生代、中生代、新生代という大きな区分である「代」は、「紀」という細かい区分で分けられます。先述の地球上に骨格を持った生命が誕生した「紀」はカンブリア紀と呼ばれています。「カンブリア」は、イギリスのウェールズの古い呼び名です。ウェールズでこの時代の化石の研究が進められたのでこの名前が付いています。

カンブリア紀よりも古い時代には骨格を持つ生物がいないため、化石を元に時代を区分することができません。そのため、カンブリア紀よりも古い時代＝「先カンブリア時代」とよばれます。この先カンブリア時代に対して、カンブリア紀以降を顕生代《けんせいだい》と区分することもあります。

環境が劇変した先カンブリア時代

地球が誕生した頃の大気には、酸素はほとんどありませんでした。この酸素をつくり出してきたのは、生物の光合成です。先カンブリア時代には、シアノバクテリア(藍色《らんしょく》細菌)の光合成により酸素がつくりだされました。このシアノバクテリアがつくった岩石がストロマトライトです。現在も成長しているストロマトライトがあります。それは、オーストラリアのシャーク湾でみられます(P48~53参照)。ストロマトライトがつくり出した酸素は、海水に溶け込み、酸化鉄がつくられ海底に沈殿していきます。こうしてつくられたのが縞状鉄鉱床《しまじょうてっこうしょう》です。そして酸化鉄の沈殿がこれ以上おこなわれなくなると、酸素は大気中に放出され、現在のような大気の組成に近づいていきました。こうしてつくられた酸素を使って、生物は呼吸をしています。

先カンブリア時代には、生物が全く存在していなかったわけではなく、バクテリアなどの生物が存在していて、それらの働きによって、環境の変化が引き起こされていたのです。

先カンブリア時代の年表

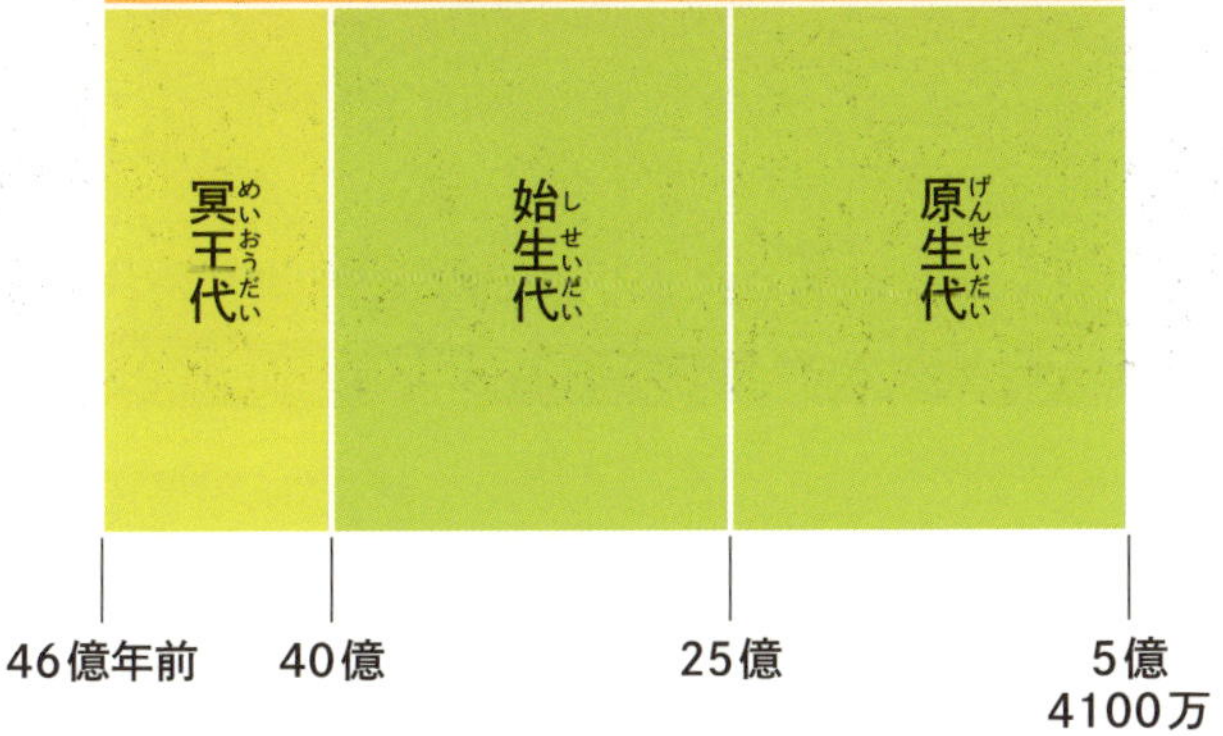

01

フレーデフォート・ドーム

Vredefort Dome

南アフリカ共和国

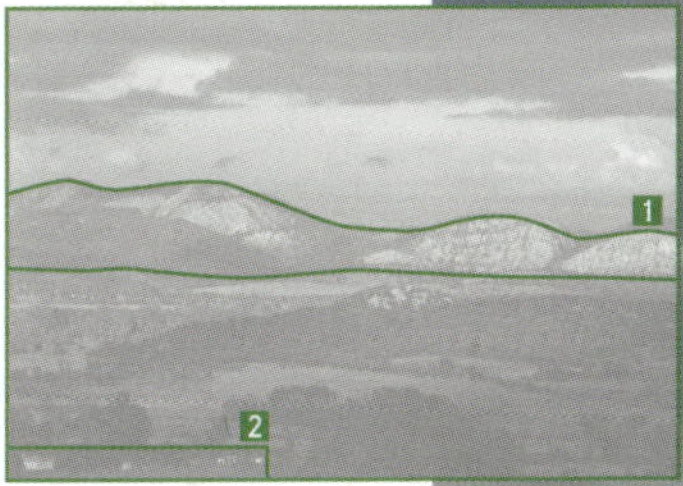

1 隕石の衝突でまき散らされた地殻の破片が積もってできた丘。クレーターの外周を形づくっている
2 クレーター内には町や集落が散在している

Basic Information

座　標	南緯26度51分36秒／東経27度15分36秒
登録年	2005年
評価基準	(viii)
面　積	30,000ha

南アフリカの内陸部に残る、世界で最も古く、大きく深いクレーターです。地殻変動や侵食・風化等で痕跡が消えてしまう隕石痕《いんせきこん》が多いため、衝突当時の姿をほとんどそのまま残したフレーデフォート・ドームは、隕石の衝突による地殻変動の貴重な資料とされています。

最古で最大の隕石衝突痕

直径は東京〜静岡間に相当
衝突の衝撃で巨大な金鉱脈も

世界最大の隕石《いんせき》の衝突痕（クレーター）、フレーデフォート・ドームは、南アフリカ共和国のヨハネスブルクの南西約120kmのところにあります。中央のドーム構造の直径が50kmあり、それを取り巻くクレーターの直径は、190kmにも及びます。クレーターの直径が東京から静岡県中部ぐらいの距離ですから、衛星写真（図01-2参照）でないとよくわからないほど巨大です。ところが、衝突した当時、クレーターの直径はもっと巨大で、300kmもあったと推測されています。

フレーデフォート・ドームに隕石が衝突したのは、今から約20億2300年前のことです。直径10〜12kmの小惑星が、秒速約20kmでぶつかったと推測され、そのエネルギーは広島に落とされた原爆の58億倍という途方もないものです。

そのエネルギーで衝突したので、その衝撃が地下25kmまで達し、地殻物質だけでなく、マントル物質までまき散らしています。さらにその影響で、南アフリカに巨大な金鉱脈ができたと考えられています（図01-1参照）。

ところで、月を見るとクレーターがたくさんありますが、月に比べてなぜ地球上にはクレーターがあまり見られないのでしょうか？　地球は月よりもかなり大きいので、重力も大きく、月よりもたくさんの隕石が引き寄せられるはずです。

その理由の一つは、地球には大気があるため、小さな隕石は大気中で燃えつきてしまうからです。隕石がある程度大きいもの（直径1kmを超えるもの）や、小さくても固い物質でできているものは、燃えつきないで地表に衝突します。

もう一つの理由は、長い年月を経ると、クレーターが侵食されて痕跡が消えてしまうからです。月では地球上のような侵食作用や地殻変動が起こっていないため、古い時代のクレーターがそのまま残っているのです。

図 01-1　隕石衝突で作られるクレーター

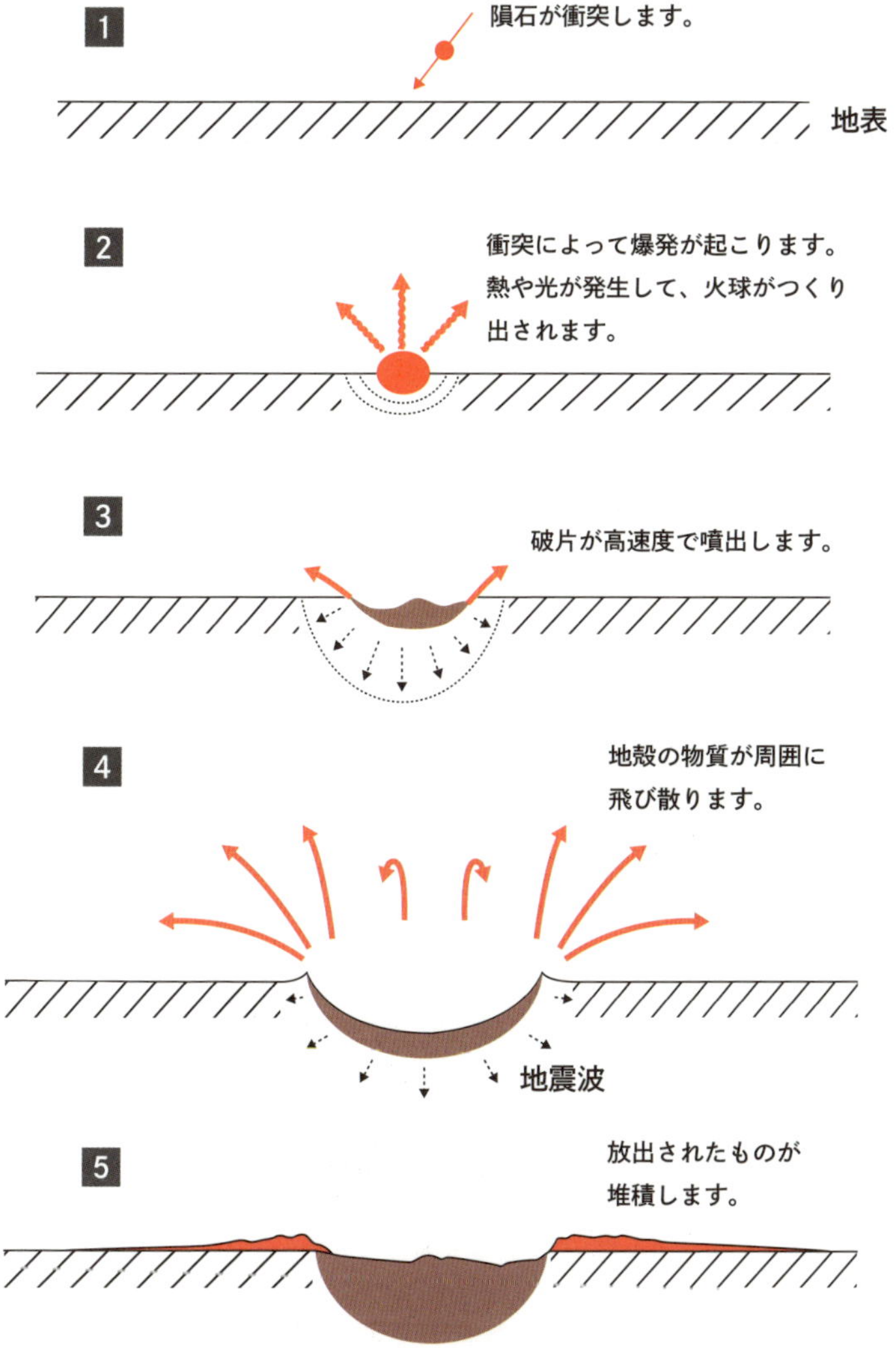

D.モリソン、T.オーエン（1988）に基づく

ところが、フレーデフォート・ドームほどの巨大なクレーターになると、侵食されても完全には消滅せず、跡が残ります。草や木で覆われてしまっていても、衛星写真を見ればわかります。

フレデフォート・ドームは、カナダのサドベリー・クレーター、メキシコのチクシュルーブ・クレーター（図01-3参照）とともに、世界でもっとも有名な隕石衝突痕の一つです。

隕石衝突で起きた大規模な地殻変動

隕石が地表に高速で衝突すると、そのエネルギーで地殻に穴をあけて、隕石と地殻の溶融や隕石自体の爆発が起こり、周囲に隕石や地殻の破片をまき散らします。その大量にまき散らされた破片が堆積して、クレーターが形成されます（図01-1参照）。

衝突したときの衝撃波は、地殻からマントルへと通常の地震波のように伝わっていきます。

このクレーターの穴が大きいと、重力的に不安定になりすぐに変形していきます。地表にできた穴を埋めるような力が穴の内部に生じて、穴の底の部分が盛り上がってきます。または、クレーターの縁の部分がくずれたり、

図01-2 上空から見たフレーデフォート・ドーム

クレーターの形状は、衛星写真で見ると一目瞭然です。フレーデフォート・ドームのクレーターの中には、フレーデフォートとパリスという2つの町があります。

クレーターの外に何重にも同心円状に縁が作られたりします。

隕石の衝突でできるシュードタキライトの産出

フレーデフォート・ドームでは、シュードタキライトという岩石が石切り場の跡で見られます。シュードタキライトは地震による断層のずれでつくられます。断層のずれにより、岩石同士に摩擦が発生して岩石の一部が溶解し、溶けた岩石が周辺の岩石に入り込んで固まることによってできる岩石です。こうしたシュードタキライトの形成メカニズムは、隕石の衝突によってもつくり出されます。

隕石が地表に衝突して、膨大な衝撃波が岩石を通過するとき、高温高圧状態になることで岩石の一部が溶融します。その溶けた岩石が周辺の岩石に脈状に入り込んで固まるのです。

フレーデフォート・ドームのシュードタキライトの中からは、隕石衝突時の超高圧状態でつくり出される物質が発見されています。

図 01-3　世界の隕石クレーター

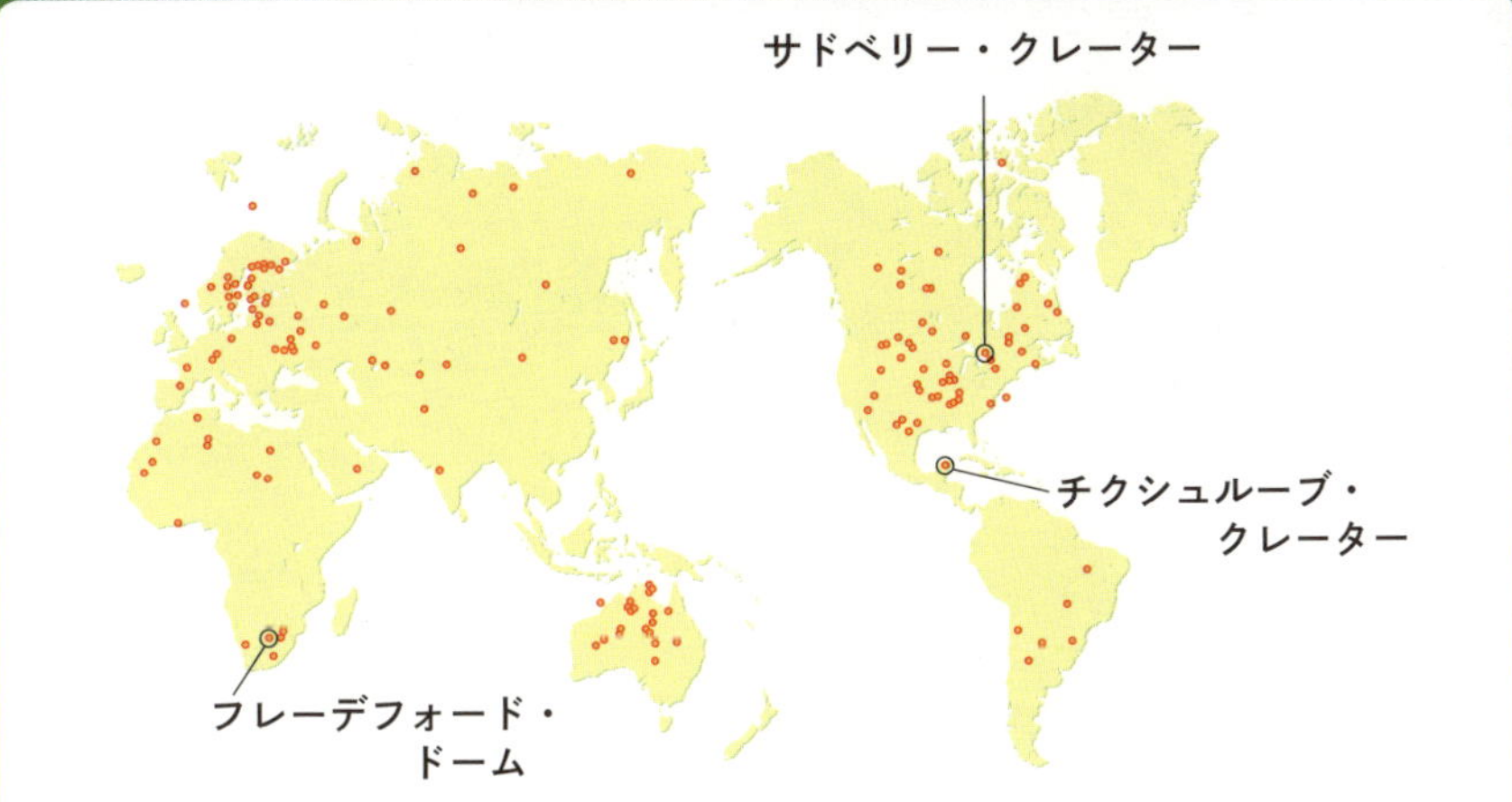

Ditribution of the world impact craters resulted from collision of meteorites and asteroids to the earth

02

ウルル-カタ・ジュタ国立公園

Uluru-Kata Tjuta National Park

オーストラリア

1 アルコース質砂岩の巨大な岩が平原にそびえ立つ。アボリジニが聖地とあがめたのも納得の光景

Basic Information

座　　標	南緯25度19分60秒／東経131度0分0秒
登 録 年	1987年、1994年範囲拡大
評価基準	(v) (vi) (vii) (viii)
面　　積	132,566ha

オーストラリア大陸のほぼ中央に位置するウルルと大小36個の巨石群、カタ・ジュタが世界遺産に登録されています。世界的な観光地でもありますが、同時に、オーストラリアの先住民アボリジニの聖地でもあります。

巨大な岩石でできた聖地

大平原にそびえる巨大な岩のモニュメント

ウルル－カタ・ジュタ国立公園は、オーストラリアのほぼ中央に位置する国立公園で、巨大な岩盤の「ウルル」と巨石の集まりである「カタ・ジュタ」という2つの地形が中心になって構成されています。ウルルはこれまで「エアーズ・ロック」とよばれてきましたが、最近は本来の地名でよばれています。多くの観光客も訪れるスポットですが、古来より先住民アボリジニの聖地でもありました。

「ウルル」と「カタ・ジュタ」は約30kmしか離れていませんが、前者はアルコース質砂岩、後者は礫岩と、岩の種類は異なっています。この地域の地質から、この地域の過去の環境は、次のようなものだったと考えられています。

約9億年前頃、この地域は、「アマデウス盆地」といった巨大な窪地で、そこに砂や石ころがたまり、地層をつくりました。

約5億年前には、ここは、浅い海になりました。そのときに堆積した海洋生物の遺がいや土砂アルコース質砂岩の層と礫岩の層を覆います。

その後、約4億～3億年前の造山活動で海が後退し、アルコース質砂岩の層と礫岩の地層は隆起、褶曲しました。

このときの褶曲作用で、アルコース質砂岩は90度、ねじ曲げられました。一方、カタ・ジュタは15～20度持ち上がり、表面の層は急速に侵食されました。

約6500万年前に、この地域は降雨が多くなり、やわらかい古生代の地層は侵食されました。

50万年前からは乾燥化が始まり、土砂の堆積物は、薄い砂の層で覆われ、現在では、その中から固いアルコース質砂岩（＝ウルル）と礫岩（＝カタ・ジュタ）が突き出しています（図02-1、図02-2参照）。

図 02-1　ウルルとカタ・ジュタの形成

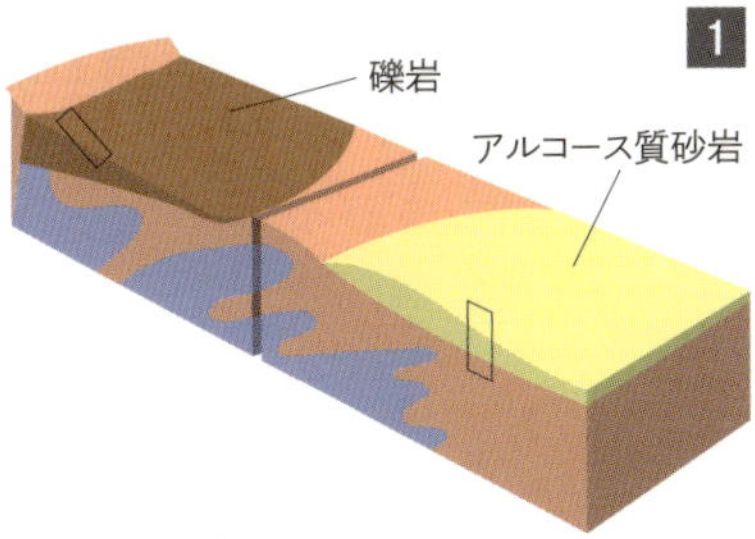

約9億年前、固いアルコース質砂岩の層と礫岩の層が形成されました

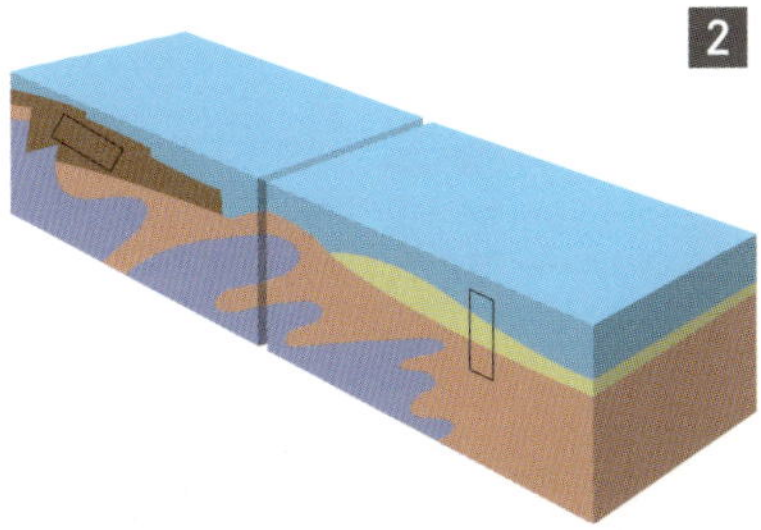

約5億年前、浅い海におおわれ、海洋生物の遺がいや土砂で覆われました

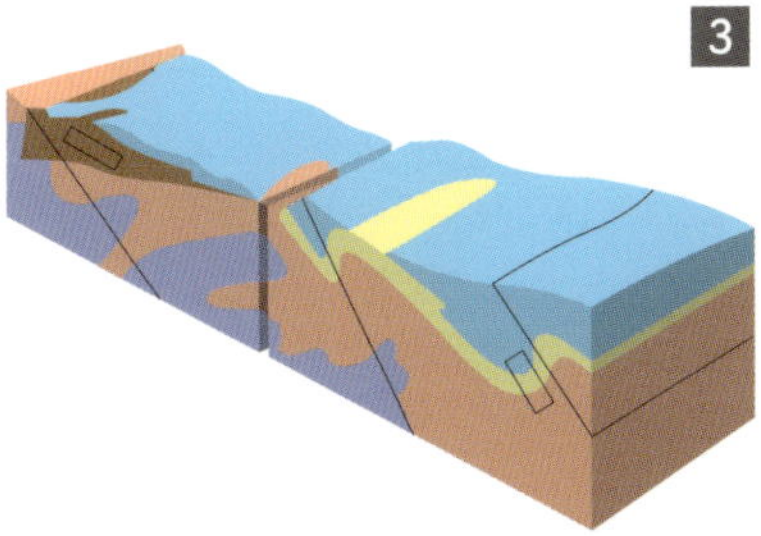

約3億～4億年前の造山活動で、アルコース質砂岩の層と礫岩の層は隆起、褶曲しました

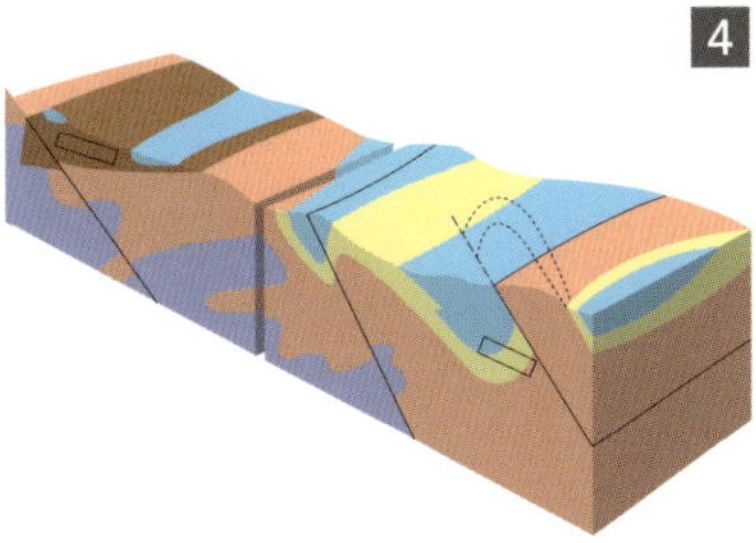

約6500万年前、この地域には降雨が多く、やわらかい地層は侵食されました

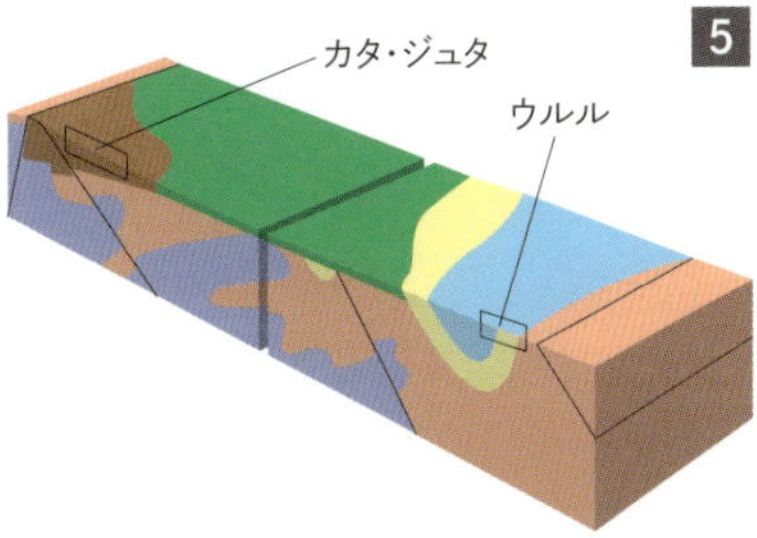

現在では、固いアルコース質砂岩（=ウルル）と礫岩（=カタ・ジュタ）が露出しています

Australian Government; Department of the Environment and Energyに基づく

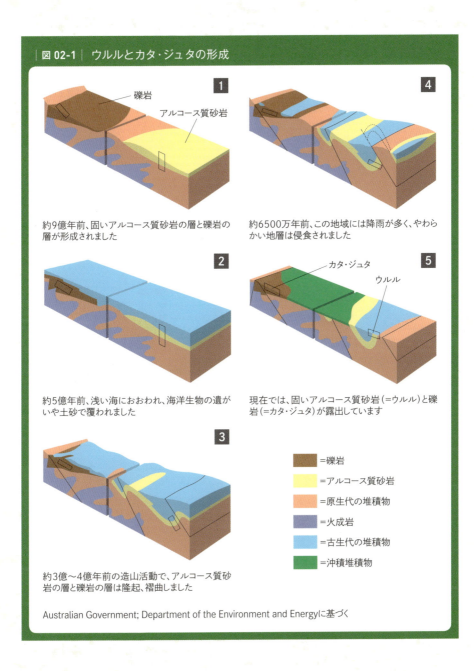

ウルルの地形と文化的側面

ウルルの山頂部はほぼ平坦ですが、表面には細かな凹凸があります。出っ張っている部分は粗粒の砂岩、凹んでいる部分が細粒の砂岩です。また、表面の風化による凹みであるタフォニも見られます。表面の風化は現在も進行しています。

「ウルル－カタ・ジュタ国立公園」は、約6億年にわたる地球の活動の痕跡を伝える貴重な宝物として、世界遺産登録基準の(viii)を満たしていますが、世界自然遺産に登録されたあと、文化遺産にも登録されました。それは、オーストラリアの先住民アボリジニが聖地としてあがめてきた文化的な側面が評価されてのことです。1994年に複合遺産として登録されました。

図 02-2　ウルルとカタ・ジュタの地形面

カタ・ジュタやウルルは、長期的に岩盤が削られてできた地形です。山頂の高さやウルルの中程にある窪みなどは、古い時代の地形面の高さを表している可能性があります。

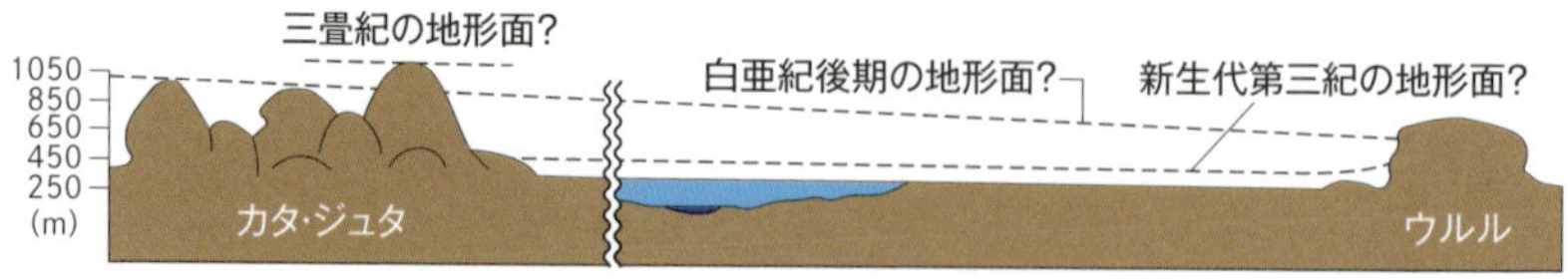

Uluru(Ayers Rock) and Kata Tjuta(The Olgas): Inselbergs of Central Australia – Springerに基づく

大陸に見られる平原と日本の沖積平野の違い

大平原に巨大な岩のモニュメントがそびえ立つ光景は、日本では決して見ることができません。これは、平原のでき方が、大陸と日本では異なるためです。

急峻な山の多い日本では、河川の土砂などが河川の下流で堆積して「沖積《ちゅうせき》平野」をつくります。「沖積平野」は、堆積物が積もってできた「堆積平野」の一つです（図02-3参照）。関東平野の利根川、十勝平野の十勝川、濃尾平野の長良川・木曽川・揖斐川など、日本の平野は大きな川とセットになっています。

一方、ウルルのあるオーストラリアの平野は、堆積ではなく侵食によってできた平野であり、侵食平野とよばれるものです（図02-3参照）。

浸食平野では、侵食に取り残された残丘が見られるのが特徴で、ウルルやカタ・ジュタも大きな残丘の一つといえます。

図 02-3 沖積平野と侵食平野

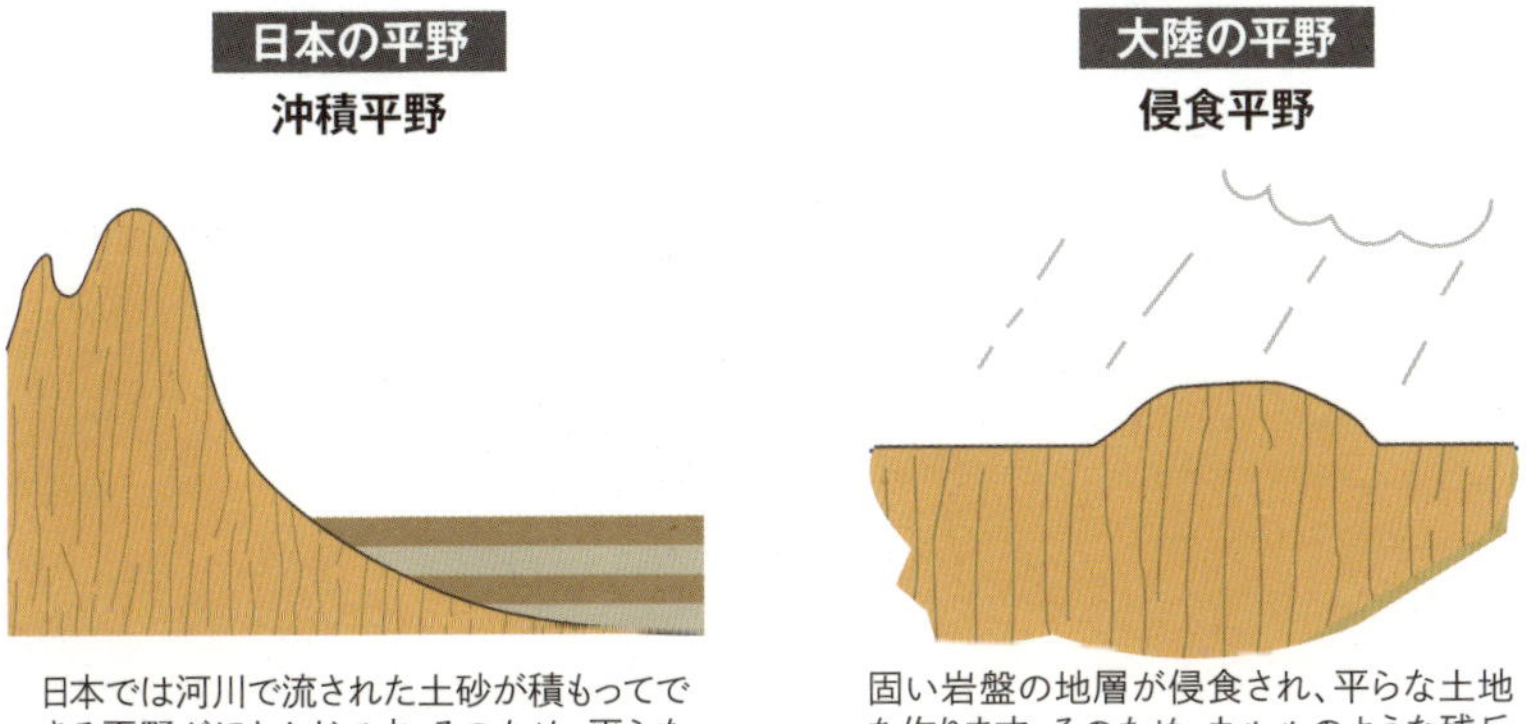

日本では河川で流された土砂が積もってできる平野がほとんどです。そのため、平らな地形に大きな岩が顔を出すことはありません。

固い岩盤の地層が侵食され、平らな土地を作ります。そのため、ウルルのような残丘が、平原に突如現れる風景が見られます。

03

グランド・キャニオン国立公園

Grand Canyon National Park

アメリカ合衆国

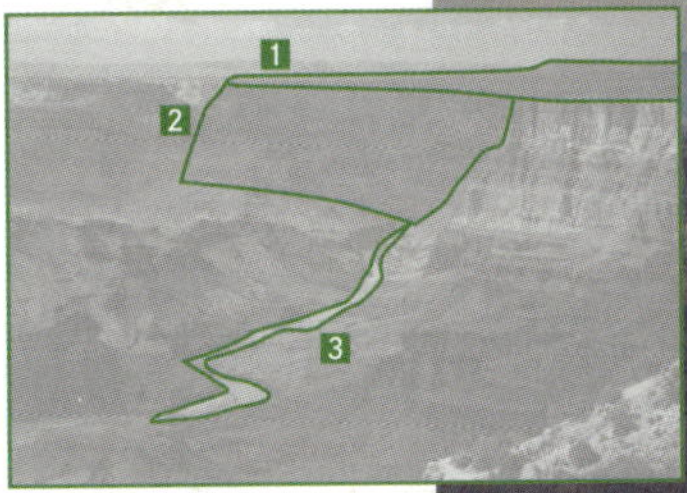

1 台地の頂上は平らになっている。メサの典型的な地形
2 水平な地層が一様に隆起したあと侵食されたため、垂直な壁をもつ深い渓谷ができた。色や模様の違いで、時代の違いを見分けることができる
3 コロラド川は、侵食した土砂を含むため、黄色く濁っている

Basic Information

座　標	北緯36度6分3秒／西経112度5分26秒
登録年	1979年
評価基準	(vii) (viii) (ix) (x)
面　積	493,270ha

アメリカ合衆国西部、アリゾナ州にある世界最大規模の峡谷で、先カンブリア時代からペルム紀までの地層が露出しています。長年にわたるコロラド川の侵食や風化が形づくった風景が、観光客を引きつけています。1800メートルの高低差は、生物の多様性も生み出しています。

大渓谷に刻まれた地層の博物館

先カンブリア時代から古生代にいたる地層の重なり

グランド・キャニオンは、長さ500㎞、幅6〜30㎞に及ぶ巨大な渓谷で、最も深い谷は1800mにもなります。

グランド・キャニオンの代表的な露頭では、先カンブリア時代から古生代ペルム紀にかけての地層の重なりを見ることができます。

その最上部には、2億6000万年前に堆積した古生代のカイバブ石灰岩があり、平坦面を作っています。それより新しい時代の地層は、かつてはその上に1000mほど堆積していましたが、コロラド川により侵食されてしまい、今は残っていません。

このような垂直な壁をもつ深い渓谷ができたのは、ここに水平な地層が広く分布し、それが一様に隆起したためです。傾いた地層がないため、大きく斜面が崩れることなく、大峡谷の地形がつくられました（図03-1参照）。

グランド・キャニオンを構成する地層は、先カンブリア時代の花崗岩からペルム紀の石灰岩層までの地層のグループに分けられています。堆積岩の地層からは、植物、昆虫、陸生動物、サメ、サンゴなどの化石が発掘されています。

グランド・キャニオンの主な地層

カイバブ石灰岩層…古生代ペルム紀
レッドウォール石灰岩層…古生代カンブリア紀
ブライトエンジェル泥板岩層…古生代カンブリア紀
テービーツ砂岩層…古生代カンブリア紀
グランドキャニオンスーパーグループ…原生代
花崗岩変成岩帯…原生代

図 03-1 グランド・キャニオンの形成

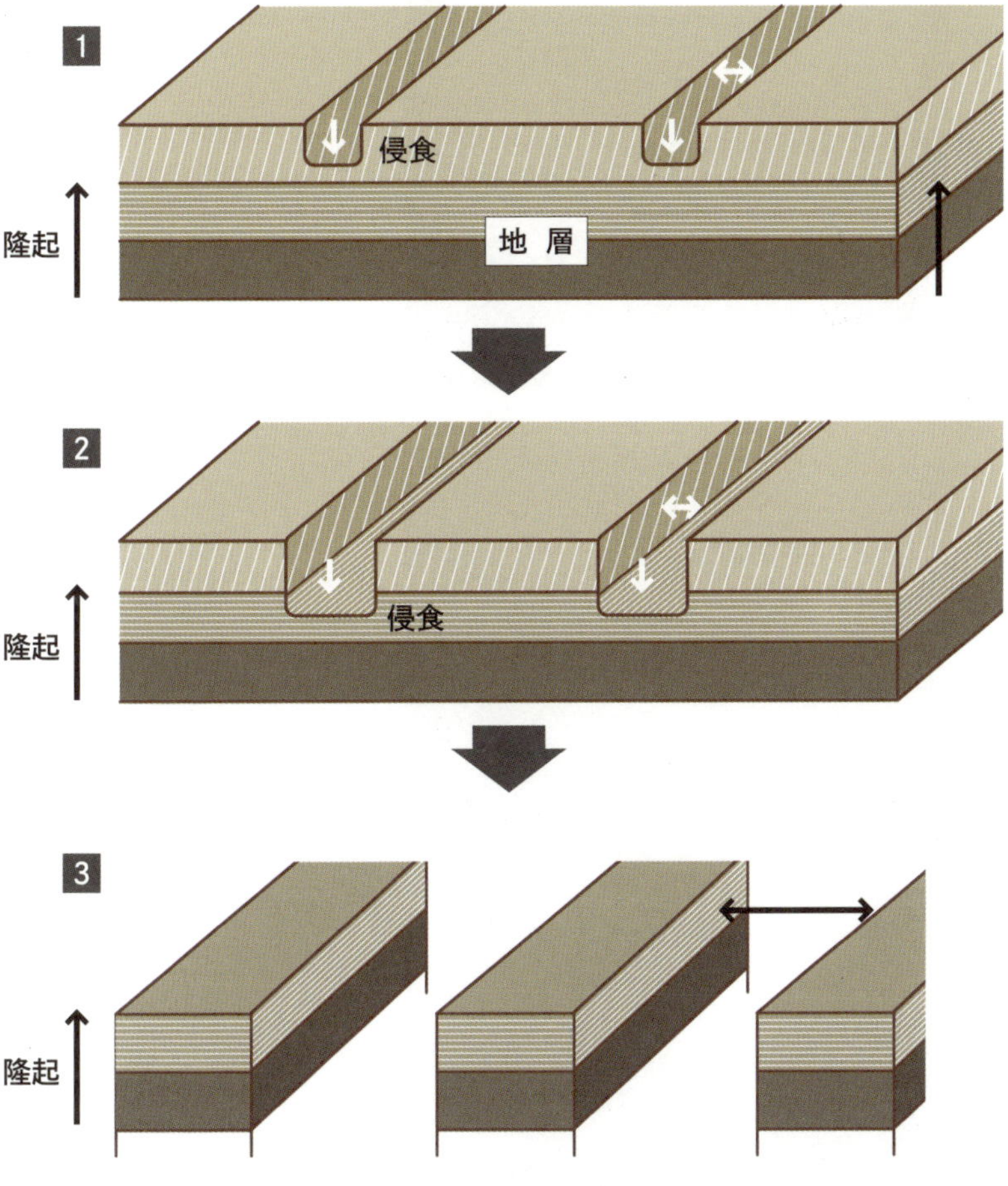

1大地は隆起し、一方、川は地層を侵食します。 2侵食の際、地層が固い場合は周辺の土砂が崩れず、川幅の分だけが垂直に侵食されます。 3長い年月を経て、垂直の、深い峡谷ができ上がります。

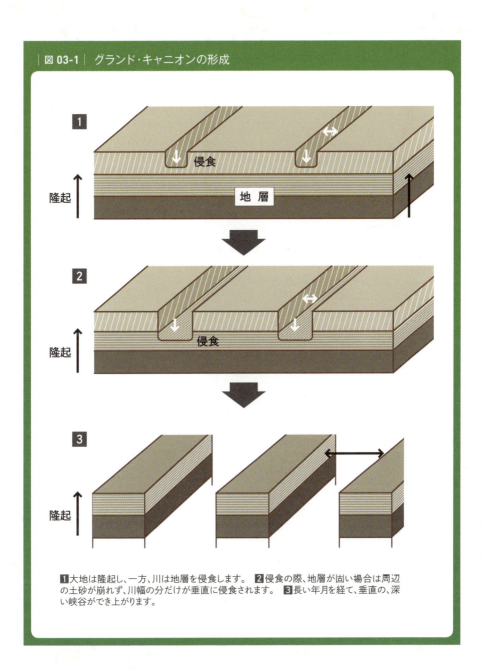

図 03-2 グランド・キャニオンの地形

谷底から地層を見ると、壁が垂直にそびえ立つ様子や層の境界がはっきりとわかります。

マーサポイントからの眺め。大きさや形状がさまざまのメサやビュートが並んでいます。

グランド・キャニオンでは、その高低差のために、寒帯から乾燥帯に至るまでの、多様な植生が見られます。

図 03-3　メサとビュート

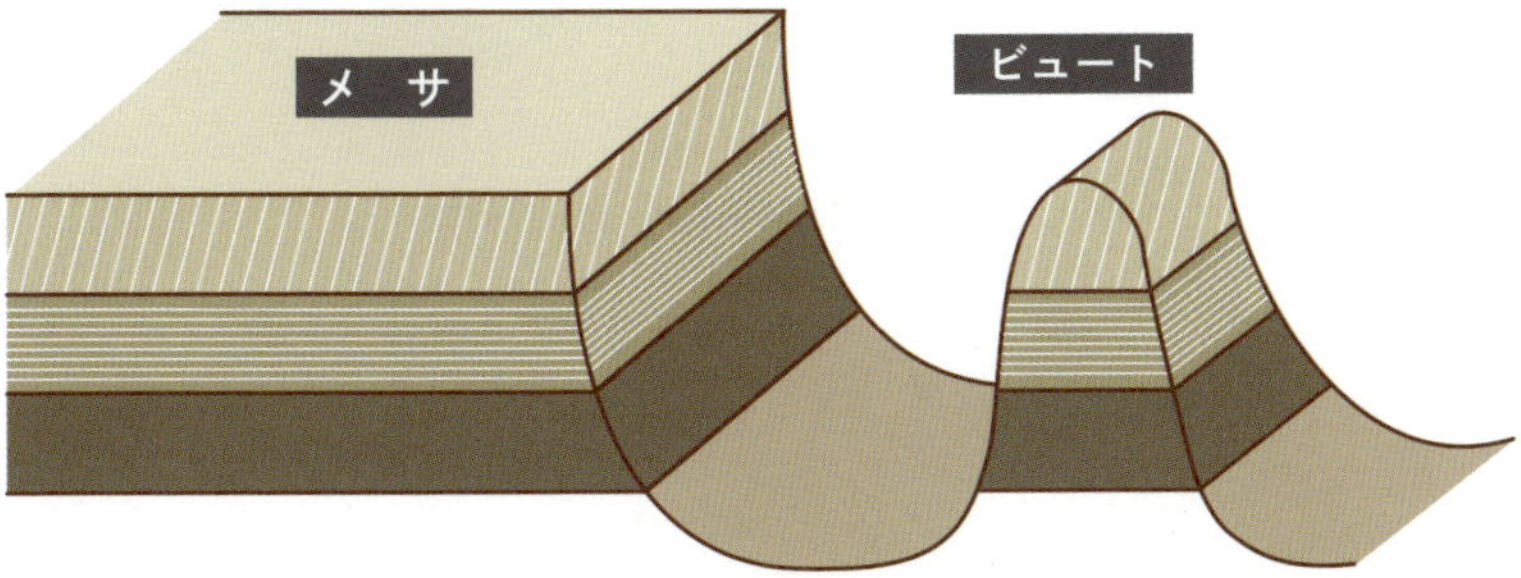

侵食から残された大地のうち、テーブル状の広いものが「メサ」、侵食が進んで塔のようになったものが「ビュート」です。

地層の変化でわかる地殻変動の証拠

グランド・キャニオンで見られる砂岩や泥岩は、浅い海などで堆積したものです。また、サンゴの化石が含まれる石灰岩は、かつて海の中にあったサンゴ礁がもとになっています。このようなさまざまな環境でつくられた地層の種類が変わる地層境界は、過去の大きな環境の変化を示しています。かつてこの地域で大規模な地殻変動があったと考えられています。

地質を反映したメサとビュート

グランド・キャニオンは、コロラド高原がコロラド川によって侵食されてできた大渓谷です。地層が水平に堆積しているため、テーブル状の地形がつくられます。メサがさらに侵食されて孤立した丘のようになったものはビュートとよばれます（図03-3参照）。

04

西オーストラリアのシャーク湾

Shark Bay, Western Australia

オーストラリア

1 遠浅の海にストロマトライトが群生。干潮のときには、ストロマトライトが露出する

Basic Information

座　標	南緯25度29分10秒／東経113度26分10秒
登録年	1991年
評価基準	(vii)(viii)(ix)(x)
面　積	2,200,902ha

オーストラリアの最西端のシャーク湾では、生きた化石・ストロマトライトの群生を見ることができます。また、世界最大級の海藻のベッドもあり、ジュゴンやアオウミガメ、アカウミガメなどの希少動植物が生育しています。ザトウクジラやミナミセミクジラの餌場でもあります。

古代の酸素供給元が生きる海

シアノバクテリアの大繁栄が生物の陸上生活に貢献

シャーク湾のハメリンプール地区では、先カンブリア時代を代表する化石であるストロマトライトの生きた状態を見ることができます。現在、生きたストロマトライトは世界に何カ所かで見つかっていますが、ハメリンプールで見られるものが世界最大規模です。

ストロマトライトとは、約27億年前以降の先カンブリア時代の地層から多く産する層構造を持つ岩石状の化石です。（図04-2参照）この層構造は、シアノバクテリアの生長や代謝によって、泥粒や堆積物の固着や炭酸塩の沈殿でつくられます。このストロマトライト化石の研究から、先カンブリア時代のストロマトライトは、現在のサンゴ礁のような大規模な集団を、世界中に形成していたことがわかりました。シアノバクテリアは、光合成によって酸素を出す初めての生物で、シアノバクテリアの大繁栄によって、地球の大気中に大量の酸素が供給されたと考えられています。

先カンブリア時代末期になると、シアノバクテリアをエサにする生物が出現し、シアノバクテリアはどんどん減少していったと考えられています。

では、なぜハメリンプールに生きたストロマトライトが残っているのでしょうか？　それは、この海域の塩分濃度が通常の海水の2倍ほどもあるため、シアノバクテリアの捕食者である貝類や甲殻類などをはじめ、ほとんどの生物が生息できなかったためと考えられています。ハメリンプールは砂州に囲まれた閉鎖的な海域であるため、水の蒸発が激しく潮流も緩く、それで外海よりも塩分濃度が高くなったといわれています。

ストロマトライトの研究は、化石のストロマトライトと、ハメリンプールにあるような現世のストロマトライトとの比較により進んできました。現在でも研究が進められています。

図 04-1　ストロマトライト形成の過程

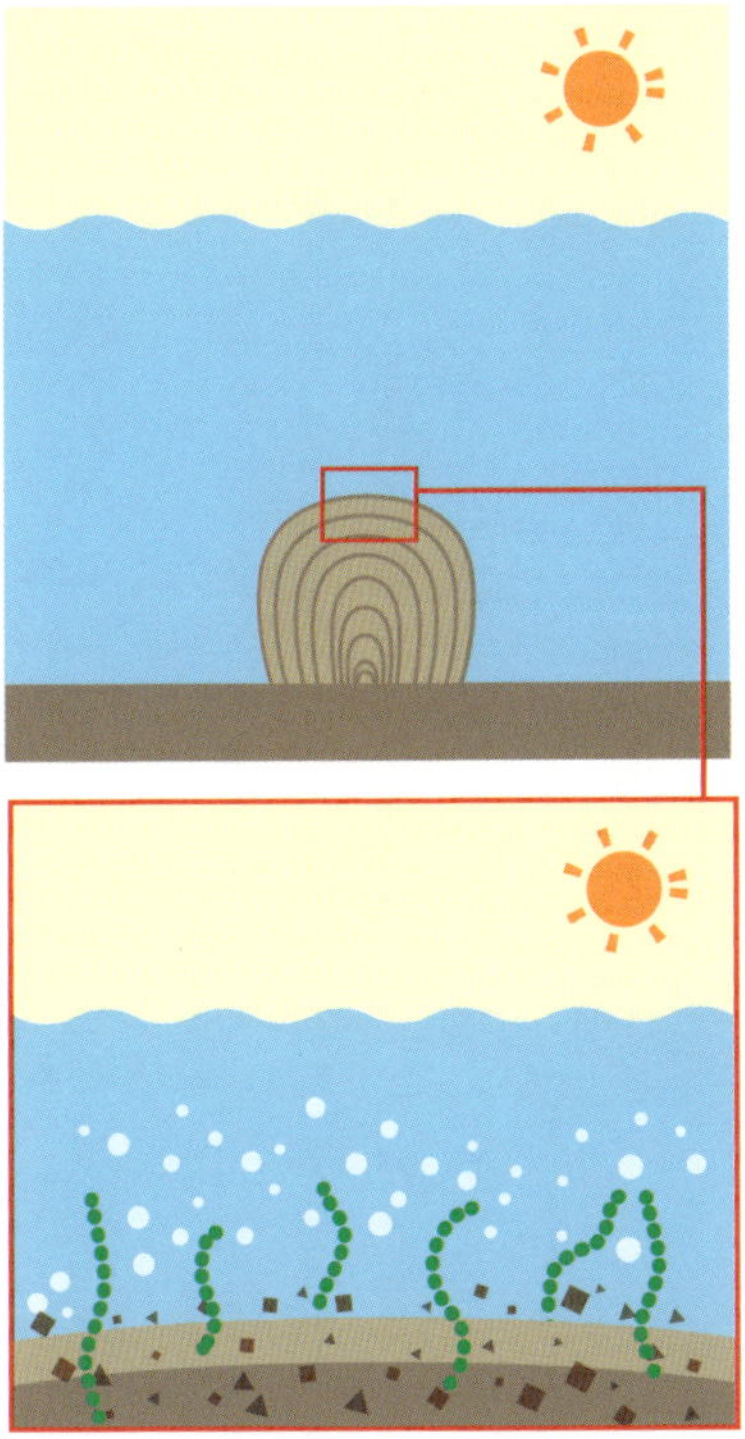

1日中、太陽光線があるうちにシアノバクテリアは活動し、光合成を行って酸素を放出します。

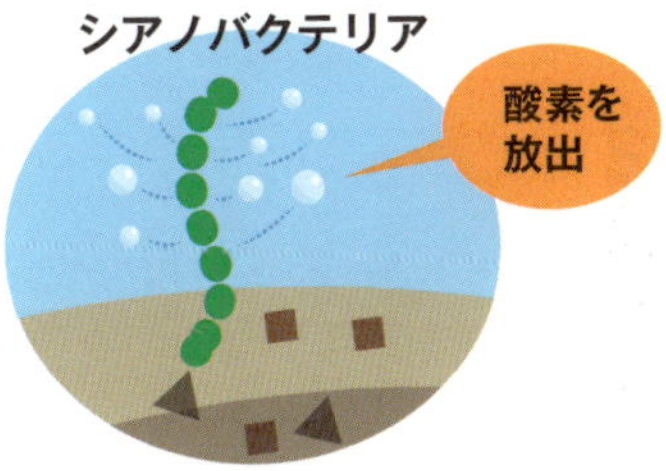

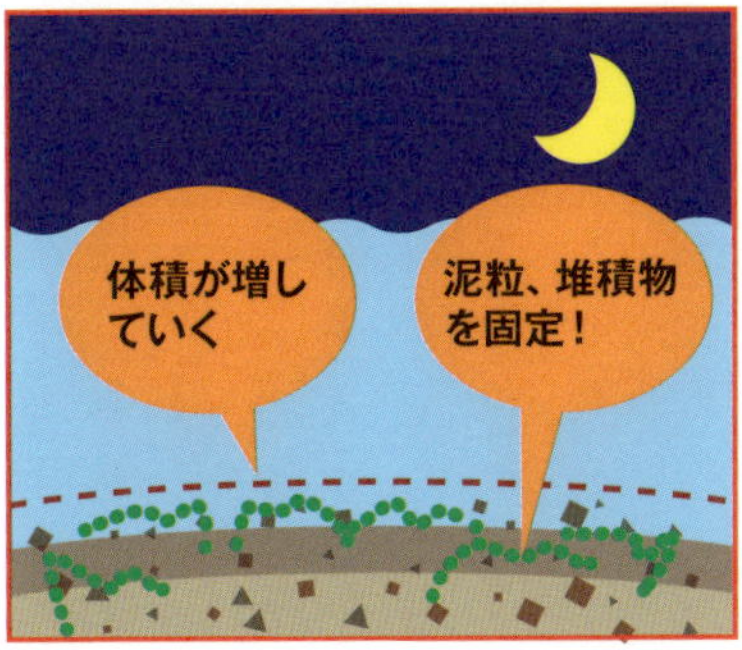

2夜になると光合成をやめて、水平方向への移動と、粘液での泥粒や堆積物の固定を行います。

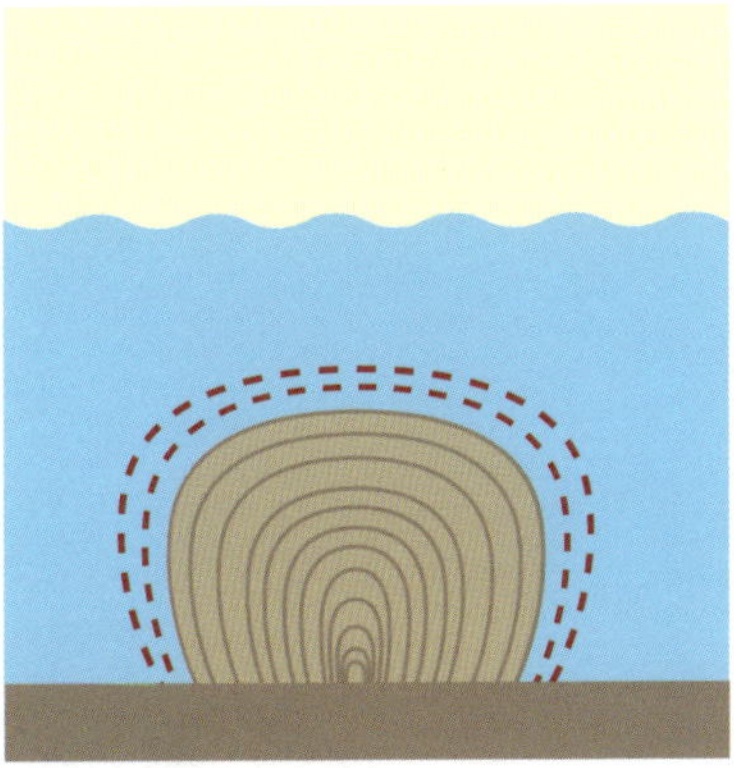

1と2を繰り返し、シアノバクテリアは成長していきます。

ストロマトライトはどのようにつくられるのか

シアノバクテリアは、細胞内に核がない原核生物で光合成をします。また海中にある浮遊物を捕まえて、分泌した粘液で固めていくという面白い性質を持っています。

シアノバクテリアは1～10μmぐらいの小さな生物なので、ほんの少しの潮流でも流されてしまいます。その対策として、まず砂地に、自分たちの体で、潮流に流されないようにマット状の基礎のようなものをつくります。その基礎の上に、別のシアノバクテリアが着生して層を形成していきます（図04-1参照）。

ストロマトライトには、カリフラワー状のもの、テーブル状のもの、紡錘《ぼうすい》体状のもの、ドーム状のもの、波状のものなど、さまざまな形のものがあります。海水位の1日の変化や季節の変化により、ストロマトライトの水中につかっている時間や部分が異なることによって、いろいろな形になるものと考えられています。

シアノバクテリアの大繁栄と地球の酸素急増

図04-3は、38億5000万年前から現在までの、大気中の酸素濃度をグラフにしたものです。27億年前にシアノバクテリアが誕生したあと、約24億年前から、シアノバクテリアの大発生にともなって酸素濃度が増加していることがわかります。

干潮で露出したストロマトライト

図 04-2 ストロマトライトの断面写真

産業技術総合研究所地質標本館に展示されているストロマトライトの切断断面の標本(ボリビア産)。縞模様を調べると、ストロマトライトの形成された時代の1日の長さを知ることができます。

GSJ F15033
標本の幅 約45cm

図 04-3 大気中の酸素濃度

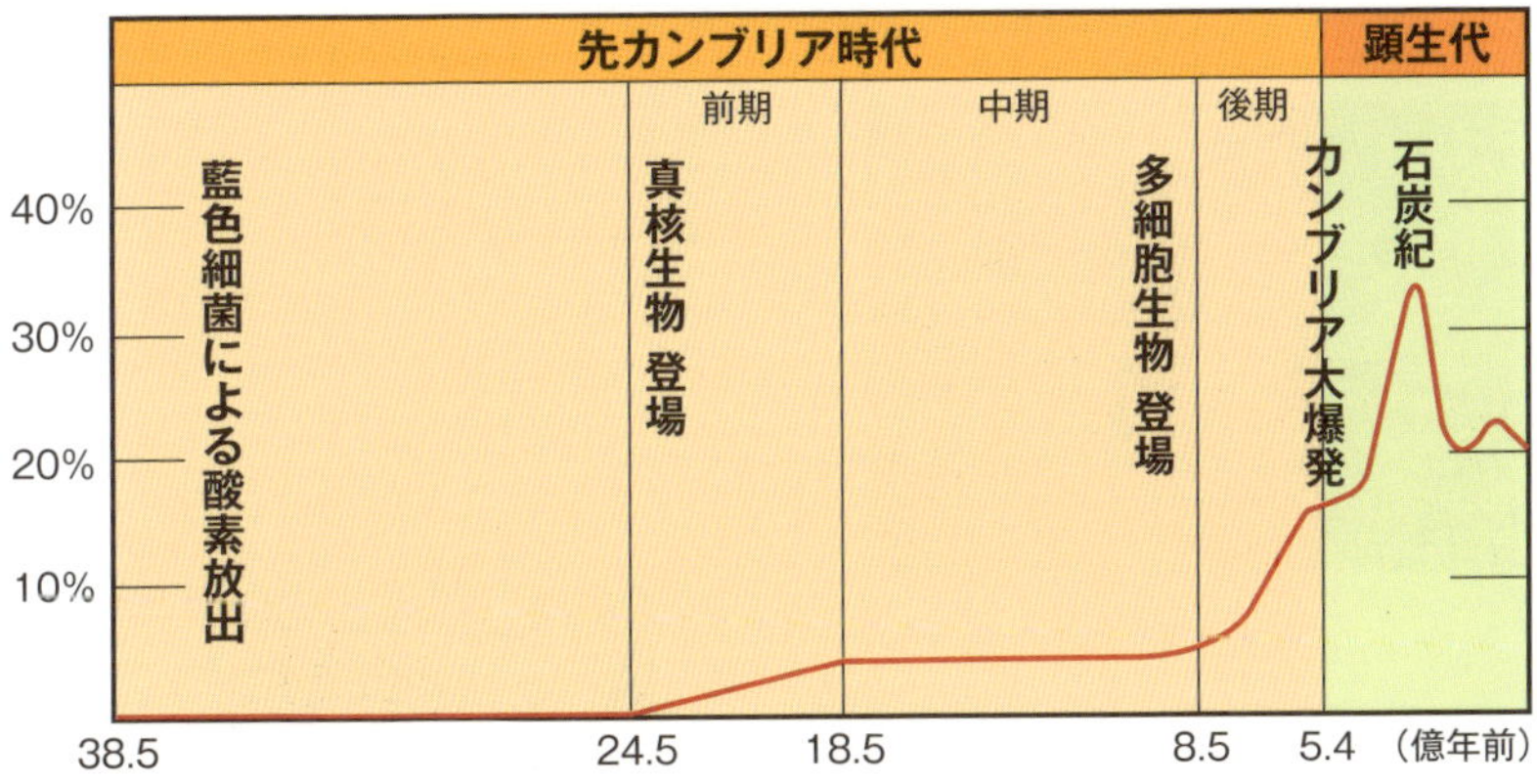

Column 3

古代の森が残る世界遺産

地球の歴史がわかる世界遺産は、山や峡谷だけではありません。早くからほかの大陸から隔絶し、生物が固有の進化を遂げたオーストラリアには、古生代の生物がいまなお残る原始の森が残っており、評価基準(viii)で、世界遺産に登録されています。

「オーストラリアのゴンドワナ雨林」や「タスマニア原生地域」は、ゴンドワナ大陸であった古生代の植物が生い茂る森で、シダ類やナンキョクブナが生育しています。オーストラリア大陸と南極大陸はかつてはゴンドワナ大陸として陸続きでしたが、新生代に入ると、分裂して別の大陸となりました。ナンキョクブナが分布していることは、2つの大陸が同じ大陸だった証拠です。また、ヒメウォンバットやタスマニアデビル等の有袋類も生息し、大切に保護されています。

「クインズランドの湿潤熱帯地域」は、白亜紀の熱帯雨林の姿をとどめる保護地域で、世界一古い熱帯雨林と考えられています。

これらの森の一部では、レンジャーのガイドのもと、ハイキングやトレッキングをすることができますが、鬱蒼と茂る巨大な樹木を仰ぎ見れば、大型昆虫が飛び交い、恐竜が闊歩した時代にタイムスリップした気分を味わえるかもしれません。

座標：南緯28度15分0秒／東経150度3分0秒
登録年：1986年、1994年範囲拡大
評価基準：(viii)(ix)(x)
面積：370,000 ha

シダ類が生い茂る
「オーストラリアのゴンドワナ雨林」

世界一古い熱帯雨林
「クインズランドの湿潤熱帯地域」

座標：南緯15度39分0秒／東経144度58分0秒
登録年：1988年
評価基準：(vii)(viii)(ix)(x)
面積：893,453 ha

第3章

植物の進化と無脊椎動物の繁栄

～海から陸へ

古生代がわかる遺産 4

Contents

展望

古生代

水中で生物が大繁栄を始める

古生代は、年代の古い順にカンブリア紀、オルドビス紀、シルル紀、デボン紀、石炭紀、ペルム紀に分けられます。

カンブリア紀の前半は、地球上は二酸化炭素の濃度が高く温暖な時代です。その後、生物の爆発的増加が起こり、硬い殻を持つ大量の種類・数の生物が出現しています。このとき、古生代前半にわたり大繁栄した三葉虫や、以前は脊椎動物の祖先と考えられていたピカイアなども出現しています。動物の中には、カンブリア紀にしか見られない構造の、アノマロカリスやオパビニアなども出現しましたが、環境の変化により絶滅してしまいました。

オルドビス紀はプレートの運動が活発で、地上ではロディニア超大陸が分裂し続けていくつかの大陸に分かれましたが、温暖な気候が続き、筆石《ふでいし》類やサンゴ類、無顎《むがく》魚《ぎょ》類のコノドント類などが出現してきた時代です。ところが、オルドビス紀の終わりには、三葉虫やこれらの動物のほとんどがいなくなる、生物の1回目の大量絶滅が起こりました。

生物が陸上に進出したシルル紀以降

シルル紀になると、地球上に酸素が増えたことで、成層圏にオゾン層が形成されていきました。オゾン層は地上に降り注いでいた太陽からの紫外線を防ぐ働きがあるので、生物が有害な紫外線を避けられるようになり、生物が陸上にも住めるようになりました。シダ植物など陸上に進出する植物が出現し、また水中にいた甲殻類が陸上に進出して昆虫に進化し始めました。海中にはサンゴ類や三葉虫、ウミユリ、ウミサソリなどが繁栄し、サメなどの軟骨魚類もこの頃出現しました。

デボン紀には地表に巨大な山脈が形成されることで、大河川ができるようになり、河川に沿って動植物が大陸内部まで進出できるようになりました。そのため、シダ植物が繁栄して森林をつくるようになりました。デボン紀の後期には裸子植物が出現しました。海中ではサンゴ礁が発達し、さまざまな硬骨魚類が繁栄しています。アンモナイト類もデボン紀に誕生しています。アカントステガやイクチオステガなどの最初の両生類も、この時代に出現しました。デボン紀後期から石炭紀前期にかけて2回目の大量絶滅が起こっています。

石炭紀には、さまざまな巨大なシダ植物が群生をつくり、さらに高さ30ｍに成長するコルダイテスという裸子植物が森林をつくるようになりました。現在の石炭の大半はこの森林の化石です。この時代を石炭紀とよんでいます。昆虫が繁栄し巨大化して、翅《はね》を広げると60㎝もあるトンボ・メガネウラやゴキブリの先祖なども現れています。さらに石炭紀後期には、爬虫類に近い単弓類のエダフォサウルスが出現しています。

ペルム紀は、地球上のすべての大陸が合体したパンゲア大陸が形成された時代です。陸上では単弓類や爬虫類が大繁栄し、恐竜や鳥類の祖先になる双弓類も繁栄しました。海中ではアンモナイト類が大繁栄し、さらにフズリナ類、サンゴ類、二枚貝類、巻き貝類、腕足《わんそく》動物、棘《きょく》皮《ひ》動物などが繁栄しました。植物では、裸子植物のイチョウ類やソテツ類なども出現し始めました。ペルム紀は、地球の寒冷化が進んでいった時代でもあり、後期には地球史上最大規模の3回目の生物大量絶滅が起こりました。短期間で、サンゴ類やアンモナイト類、フズリナ類など海洋生物の96％が絶滅しました。

古生代の年表

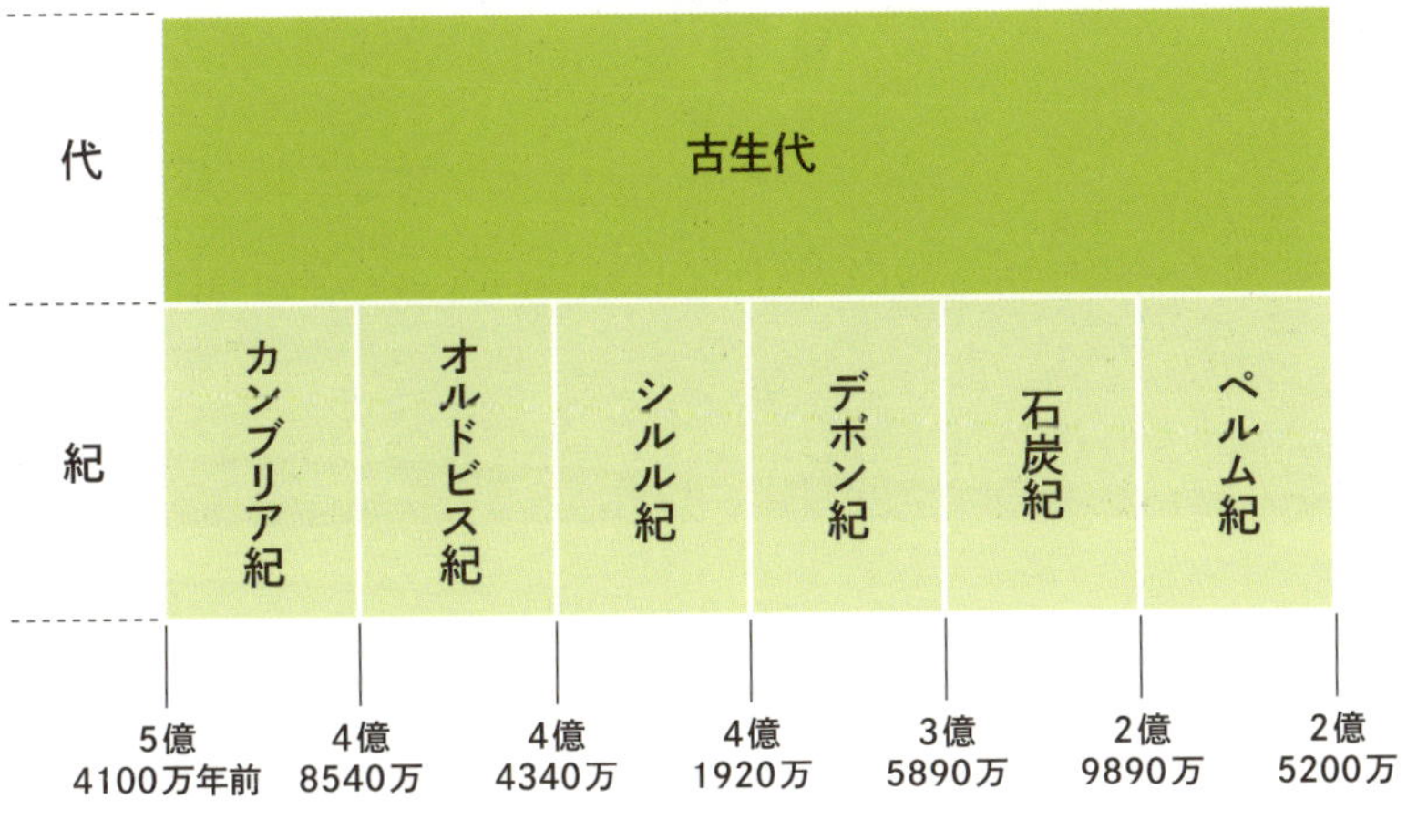

05

カールズバッド洞窟群国立公園

Carlsbad Caverns National Park

アメリカ合衆国

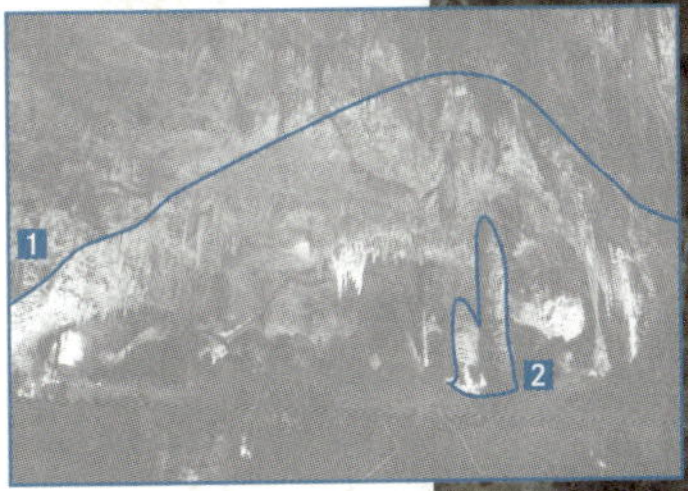

1 無数の鍾乳管やつらら石などの鍾乳石が形成されている洞内
2 タケノコ状の二次生成物が盛り上がってできる石筍。大小さまざまな石筍が林立する

Basic Information

座　　標	北緯32度10分0秒／西経104度22分60秒
登 録 年	1995年
評価基準	(vii) (viii)
面　　積	18,926ha

アメリカ合衆国南西部のニューメキシコ州にある、世界最大規模の鍾乳洞《しょうにゅうどう》群です。洞窟内には、「風船のダンスホール」「白い巨人の大広間」といったユニークな名前の地下空間が多く存在します。また、メキシコオヒキコウモリが、洞窟から一斉に飛び出す光景が見ものです。

2億5000万年の時がつくる芸術

もとは赤道付近の海 硫酸の作用で巨大な洞窟空間に

アメリカ合衆国・ニューメキシコ州のグアダルーペ山脈にある世界最大級の石灰岩鍾乳洞《しょうにゅうどう》が、カールズバッド洞窟群国立公園に指定されています。公園内には100を超える鍾乳洞があり、その一つレチュア・ケーブは深さが489メートルで全米最深です。鍾乳洞内部には、鍾乳石や石柱などが無数にあり、神秘的な景観となっています。中でも、「ビッグルーム」とよばれる地下空洞は高さ80メートルにもなります。サッカー場が14面も入る世界最大規模の巨大さで、カールズバッド洞窟群の見所の一つになっています。

カールズバッド洞窟群の地層は、約2億5000万年前から形成が始まったと言われています。その頃、赤道付近にあったサンゴ礁や貝殻など（図05-1参照）が海洋プレートの移動により海溝まで運ばれ、海洋プレート

図 05-1 | 石灰岩地層の化石

石灰岩の地層には、貝やアンモナイトなどの海洋生生物の化石が見られます。

が大陸プレートの下に沈み込むときに地下に運ばれて、石灰岩の地層となりました（図05-2参照）。

200万〜300万年前にこの地域は隆起し、地下の石灰岩が地表に出てくるようになりました。降り注ぐ雨水は、空気中の二酸化炭素を含んで弱酸性になり、石灰岩の割れ目に沿って、石灰岩を溶かしながら地下へとしみ込んでいきます。

石灰岩の割れ目は、溶かされて広がることで水路となり、次第に大きくなっていきます。地下水は小石や砂などを流しながら、石灰岩を溶かし、さらに下へと侵食し、だんだん空洞を大きくしていきます。鍾乳洞がある程度大きくなると、天井や壁がくずれて、鍾乳洞はより大きくなります。

さらにこのカールズバッド洞窟群では、石灰岩層の下部にある広大な原油とガスの鉱床から、硫化水素ガスが上方へ移動してきました。この硫化水素ガスが地下水に溶け、酸素と反応して硫酸に変化したため、石灰岩を猛烈に溶かし、巨大な鍾乳洞を生み出したものと考えられています。

鍾乳洞内部の地下水位が下がり地面に水がなくなると、鍾乳洞の発達は止まります。そうすると、天井から落ちる石灰分が溶け込んでいる水によって、氷柱石《つららいし》、石《せき》筍《じゅん》、石柱《せきちゅう》などの多様な鍾乳石ができはじめます。これら

図 05-2 | プレートの移動と石灰岩地層

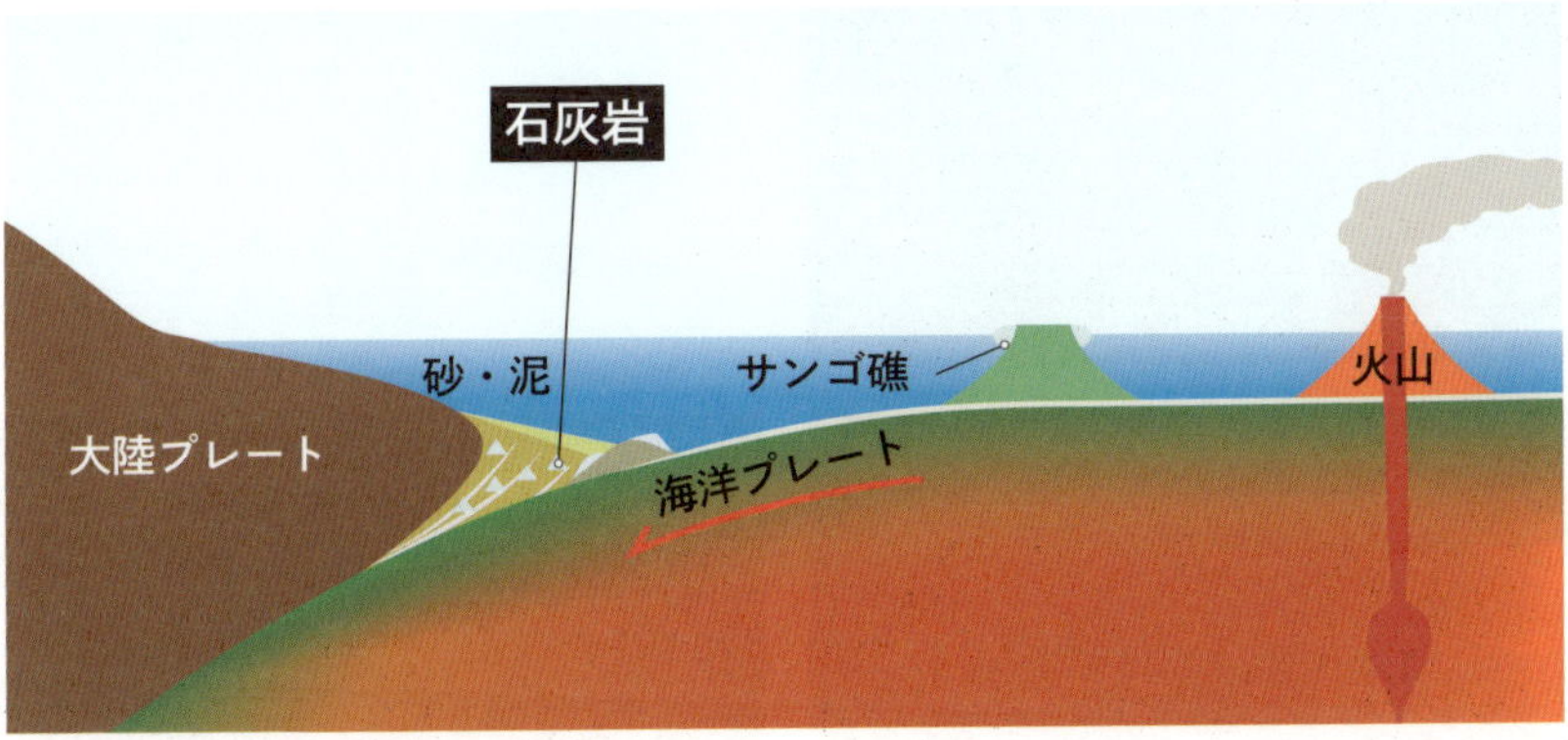

サンゴ礁や貝殻、藻などの遺がいが海洋プレートにのって移動。大陸プレートとの境界に押しつけられて石灰岩の地層ができあがります。

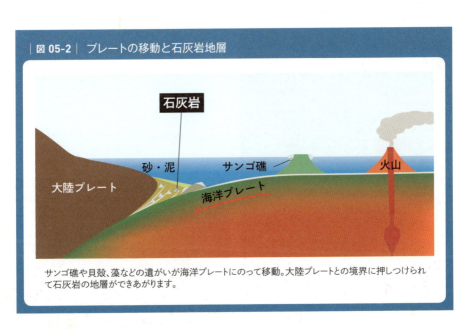

は、いったん溶けた石灰岩が再び固まってできているので、二次生成物とよばれます。

カールズバッド洞窟群で二次生成物ができはじめたのは、約50万年前頃、巨大な地下洞窟が形成されてからのことと言われています。

鍾乳洞で見られる二次生成物のでき方

鍾乳洞では、石灰岩の成分である炭酸カルシウムを豊富に溶かし込んでいる水が、洞窟の天井からしたたり落ちたり、壁面を流れ落ちたりします。そのとき、水分中の二酸化炭素が空中に抜け出してしまいます。すると、二酸化炭素が抜けた水は炭酸カルシウムを溶かしておくことができなくなり、わずかな沈殿物（方解石の結晶）を付着させます。そのわずかに付着した石灰分が、長い年月を経て成長すると、さまざまな二次生成物になっていくのです（図05-3参照）。

代表的な二次生成物を見てみましょう。

鍾乳管（ストロー）…直径3～5㎜の管状の鍾乳石で、管の中を水が流れています。したたり落ちる水によってできます。

石筍《せきじゅん》…天井からしたたり落ちる水によって、床にタケノコ状の鍾乳石が盛り上がってできます。

カーテン…斜めになった天井や壁面をつたう水によって作られます。薄い幕状に成長します。

図 05-3　鍾乳洞内部の模式図と鍾乳石のでき方

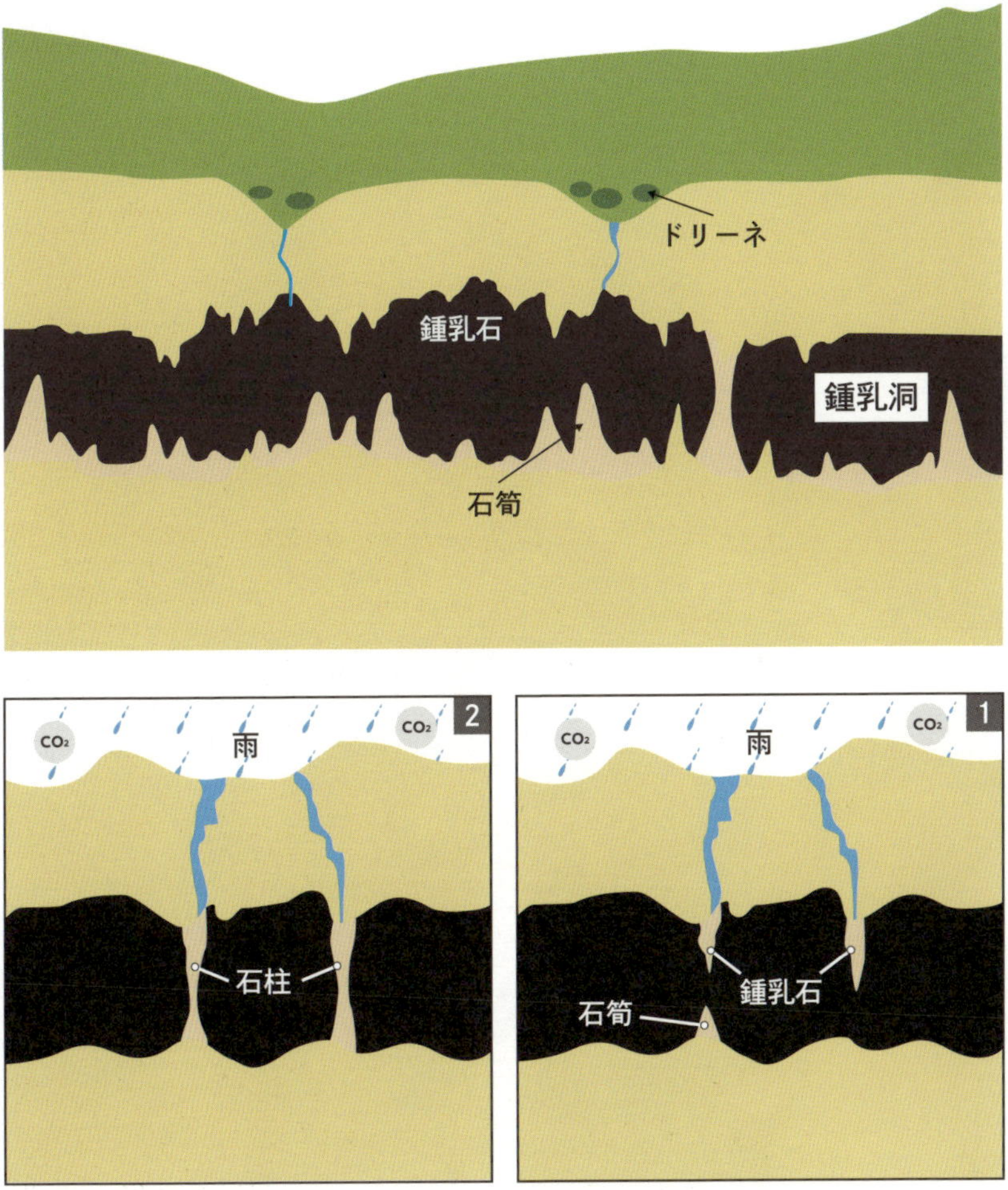

1 二酸化炭素を含んだ雨が、石灰岩を溶かします。溶けた石灰分を含んだ水は、洞穴の天井から落ちながら、鍾乳石として成長します。落ちた水は石筍になります。

2 成長した鍾乳石と石筍がつながると、石柱となります。

『中部・近畿・中国・四国のジオパーク』（古今書院）に基づく

06

パーヌルル国立公園

Purnululu National Park

オーストラリア

1 赤と黒の縞模様のドームがバングル・バングル山脈の特徴。このドームが無数に存在する

2 谷底には、水による侵食のあと（甌穴《おうけつ》やグルーブ）が見られる

Basic Information

座　標	南緯17度30分0秒／東経128度30分0秒
登録年	2003年
評価基準	(vii) (viii)
面　積	239,723ha

オーストラリア北西部にあるパーヌルル国立公園は、赤と黒の縞模様の奇岩群で有名ですが、アクセスのしにくさもあって、観光客は多くありません。そのため、奇岩群だけではなく、先住民アボリジニの壁画やロックカービングなども状態よく保存されています。

赤・黒の幻想的な縞模様の奇岩

隔絶されたアボリジニの聖地

パーヌルル国立公園には、バングル・バングル山脈という赤・黒の縞模様の、世界でほかに類が見られない独特な奇岩群があり、この公園の象徴的な風景として世界中に知られています。

パーヌルル国立公園の面積は24万ヘクタールで、バングル・バングル山脈はそのうちの4・5万ヘクタールを占めています。

この地は、オーストラリアの先住民アボリジニの聖地です。この場所が1983年に、テレビのドキュメンタリー番組で放映されてから世界に知られるようになりました。

図 06-1 礫、砂、シルト、粘土の粒径区分

粒径（mm）	名称		特徴
256	巨礫	礫《れき》	人頭大
64	大礫		こぶし大
4	中礫		
2	細礫		ゴマ粒大
1	極粗粒砂	砂	
1/2	粗粒砂		
1/4	中粒砂		
1/8	細粒砂		
1/16	極細粒砂		
1/256		シルト	ざらつく
		粘土	ざらつかない

Wentworth（1922）に基づく

堆積物と堆積岩、砂、礫、泥の分類

バングル・バングル山脈の地層は砂岩でできています。それでは、この砂岩とはどういう石なのでしょうか？

砂岩をつくっているのは砂です。砂というのは、粒径が2㎜から1／16㎜（62・5㎛）までのものを指します（図06-1参照）。岩が砕けて河川や風、氷河などによって運ばれて堆積したものです（図06-2参照）。堆積した砂は湖や海の底などでどんどん積もっていくので、その重さで固められ、長い年月を経て堆積岩（砂岩）になっていきます。

堆積岩のでき方には、2工程あります。

①堆積した礫《れき》、砂、泥・粘土の粒どうしが圧縮されてできる作用

②粒子の間に化学物質（炭酸カルシウムや二酸化ケイ素）が沈殿してセメントのようにくっつける作用

砂よりも粒が大きいものは礫とよばれます。これは石ころのことです。砂よりも粒が小さいのは泥です。泥は、シルトと粘土とに分けられます。礫が固まると礫岩、泥が固まると泥岩になります。

図 06-2 扇状地、蛇行河川、三角州の模式図

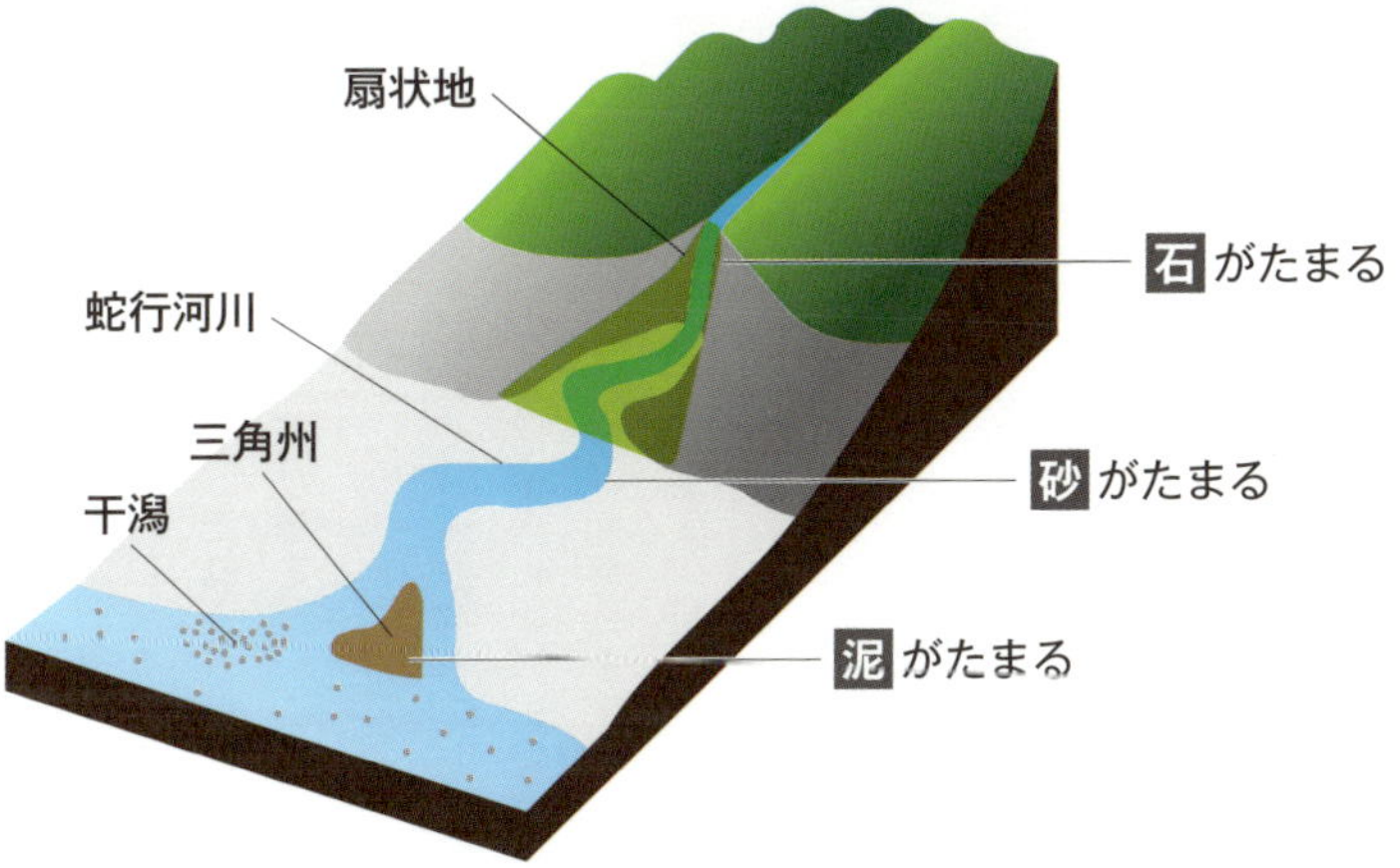

奇妙なドーム地形の
バングル・バングル山脈の形成

この地域に分布していた砂岩は隆起しました。隆起後、多量の雨が降る時代があり、そのときに川のはたらきによって谷が掘られていきました。現在は乾燥しているため、この付近に川は見当たりませんが、谷底には甌穴《おうけつ》（ポットホール）が見られます。甌穴とは、川の流れで石や砂が同じところを循環し、侵食されてできた丸い穴を指します。また、グルーブという、石が直線状に川底を削った痕も見られます。これらの地形は、かつて降雨が充分にあり、この地域で侵食作用が活発だったことを意味しています。

ただし、湿潤の気候は続かず、乾燥の時代がやってきました。すると、太陽の光がドームの表面を酸化させ、皮膜でコーティングされ、それ以上の侵食を防ぎました（図06-3参照）。バングル・バングル山脈が、美しいドーム状をキープしているのは、そのためです。

堆積した砂岩の違いが
赤と黒の縞模様をつくり出す

では、この赤と黒の層はどのようにできたのでしょうか？　この2つの層を調べると、それぞれの砂岩に特徴があることがわかりました。雨が降ると、これらの砂岩に水分が浸透していきます。

黒い層は粘土層で養分がたくさん含まれ、水分も浸透していく砂岩でできています。そのため、この層ではシアノバクテリア（P50参照）がよく育ちます。このシアノバクテリアの遺がいが固くなると、黒っぽく変色するのです。

それに対して、赤い層は、多孔性で乾きやすく、鉄分やマンガンが多く含まれる砂岩でできた層です。水分が少ないだけでなく、養分も少なくシアノバクテリアは育ちません。なお、層に含まれる鉄やマンガンが酸化して赤い色を形成していきました。

図 06-3　バングル・バングル山脈の形成過程

多量の降水があった時代

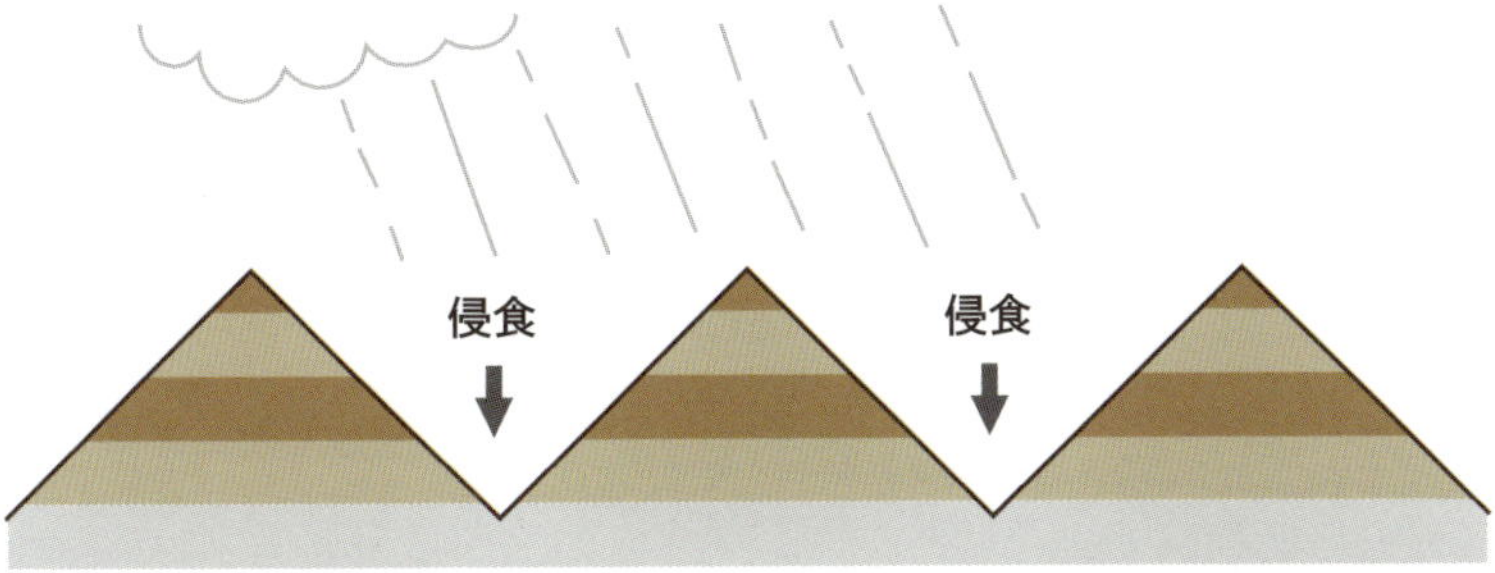

この地域はかつては雨が多く、流水が侵食していました。

乾燥化後の時代

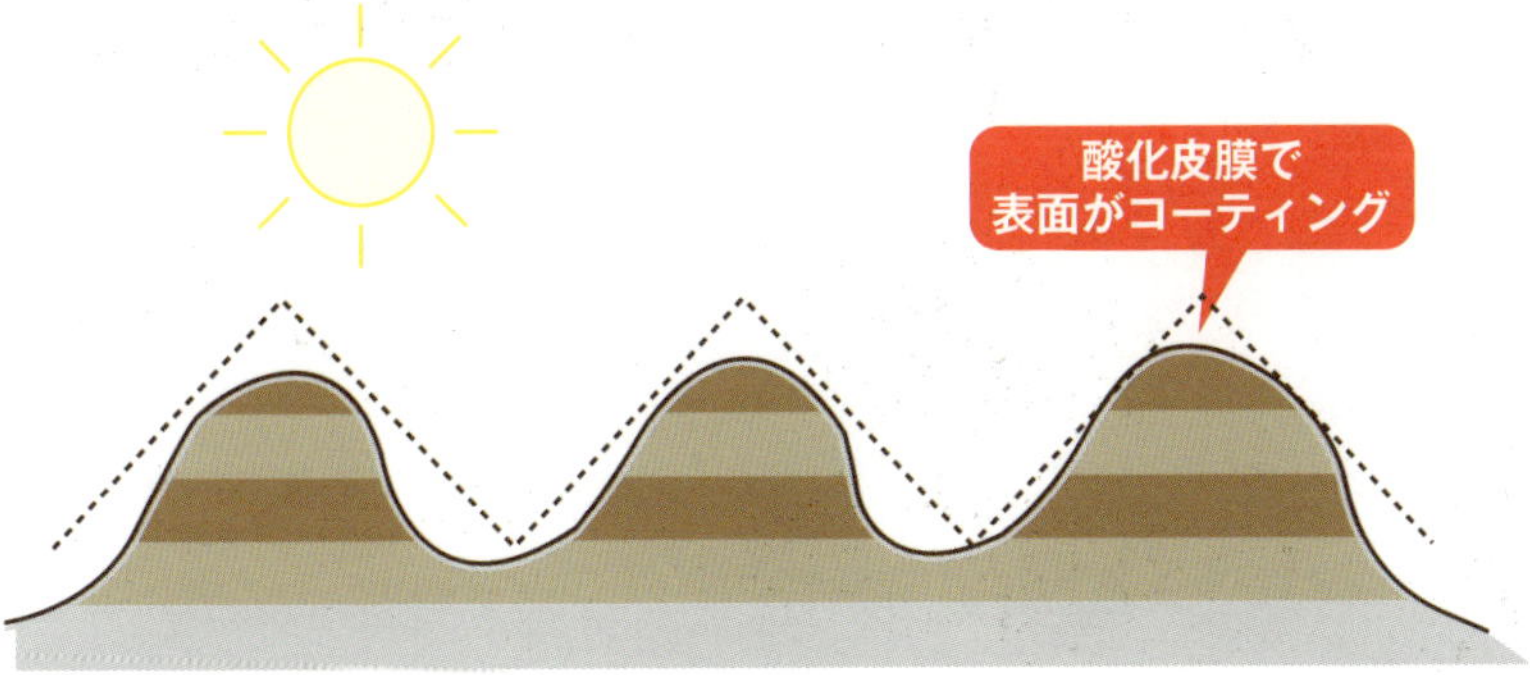

現在はドームの表面は太陽による酸化皮膜で覆われて保護され、侵食されることなく、現在の形状を保っていると考えられています。

07

レナ川の石柱自然公園

Lena Pillars Nature Park

ロシア連邦

1 レナ川に沿って、
150～300メートルの
巨大な石柱が林立する

Basic Information

座　標	北緯60度40分0秒／東経127度0分0秒
登録年	2012年
評価基準	(viii)
面　積	1,387,000ha

シベリア地方中部を流れる大河・レナ川沿いに見られる石柱群です。迫力のある石柱の数々のほか、カンブリア紀の貴重な化石の産地としても注目されています。サハ共和国の首都・ヤクーツクからのクルージングツアーもあり、観光客も増加傾向にあります。

巨大な石柱と生物大発生の痕跡

厳しい寒暖の差で石灰岩が引きはがされる

レナ川の石柱自然公園は、ロシア連邦サハ共和国の首都ヤクーツクから１８０㎞離れた地点にあります。レナ川は世界で10番目に長い大河で、流域面積の広さも世界9位です。

そのレナ川沿いに高さ１５０〜３００ｍの巨大な塔のような石柱が、長さ40㎞にもわたって森のように連なり、雄大な姿を見せています。

レナ川の石柱自然公園の地域の地層は、カンブリア紀のもので、海底に堆積したものです。それが地殻変動で隆起し、地上に現れました。この地帯は、冬は厳しい寒さでマイナス60℃になり、夏は激しい暑さでプラス40℃に達するなど、気温差が１００℃もある過酷な地域です。

石柱は、石灰岩、ドロマイト、粘板岩などの層からできています。石柱の表面には小さな割れ目が数多くあ

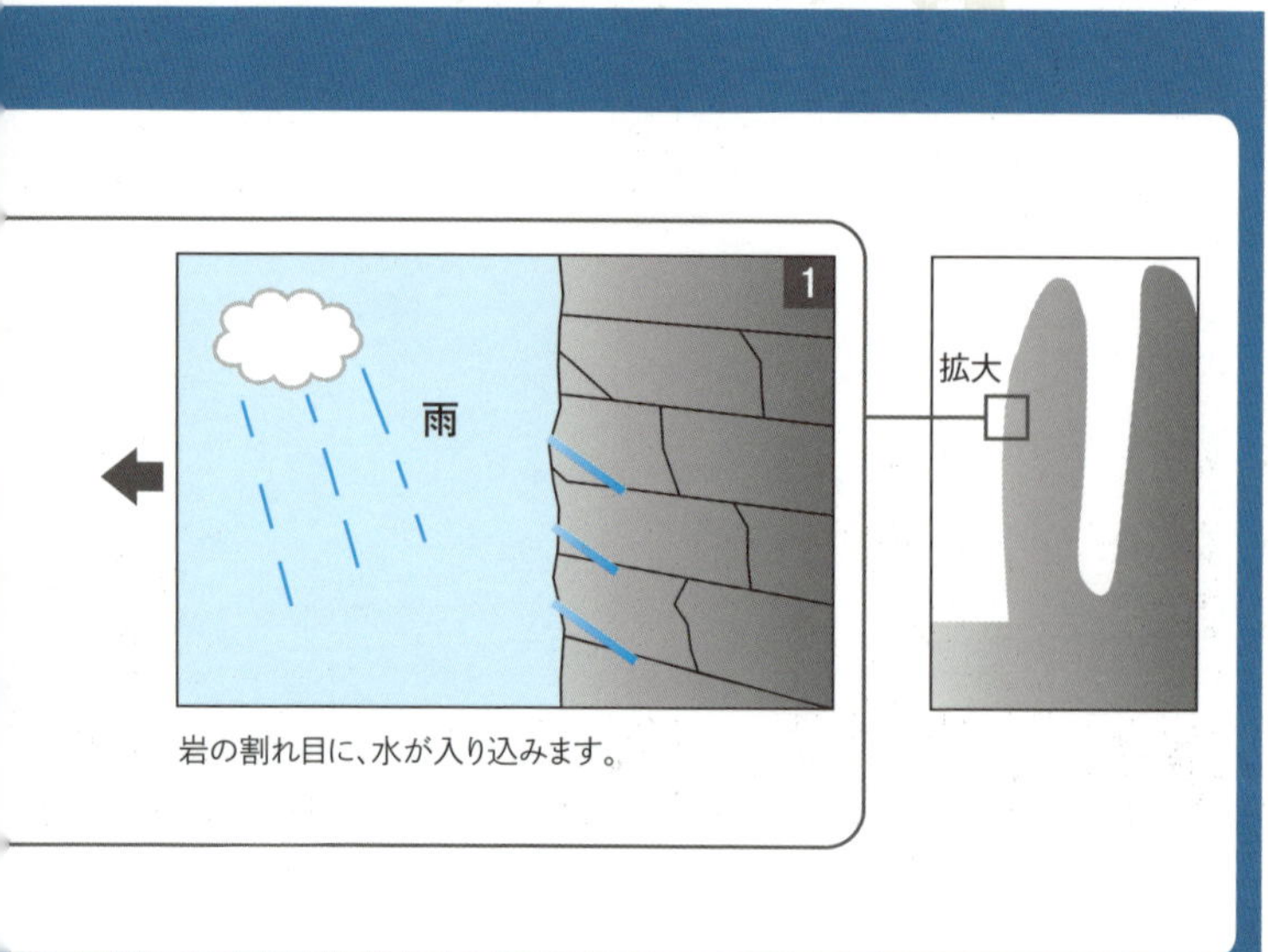

岩の割れ目に、水が入り込みます。

り、温度が高いときにはそこに水が入り込みます。気温が氷点下になると、水は氷結し、石柱の表面に亀裂をつくり、少しずつ岩を引きはがしていきます。こうしたはたらきを「凍結破砕作用」といいます。このはたらきによってこの巨大な石柱が形成されたと考えられています(図07-1参照)。

この石柱の岩石にはカンブリア紀の化石が大量に含まれています。生物が爆発的に増加した状況を知ることができる、化石産地としても大変重要な場所です。

石柱の表面には、図07-1の凍結破砕作用のため、大小の割れ目が見られます。

図 07-1 凍結破砕作用の仕組み

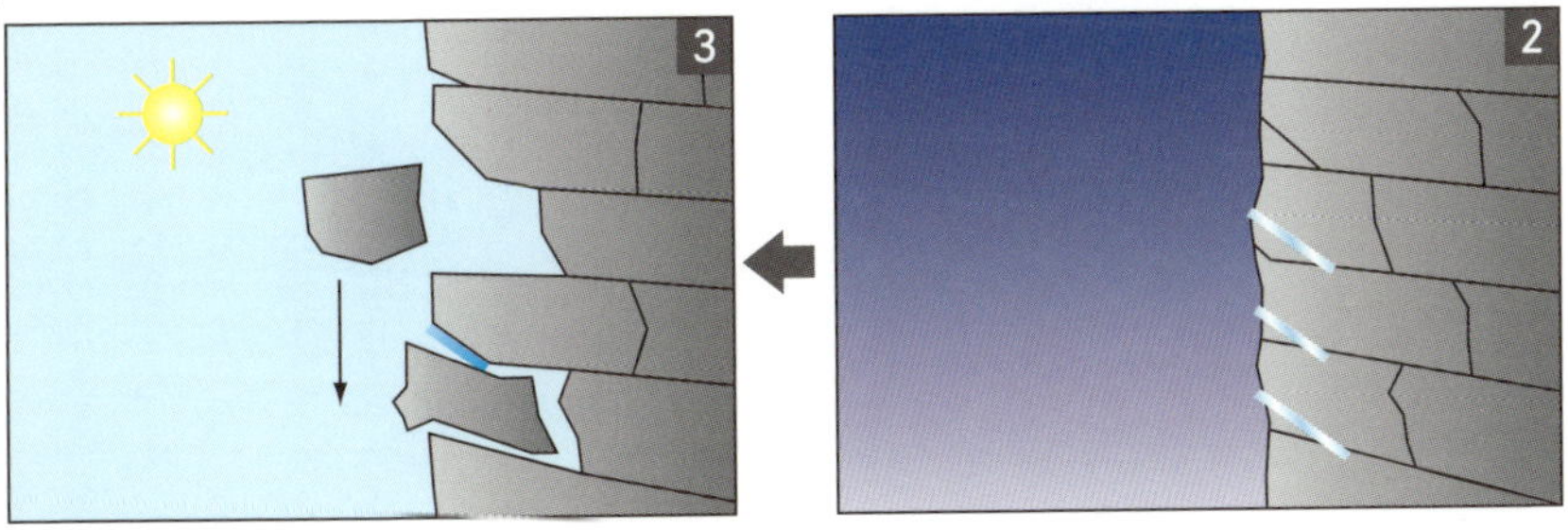

氷が溶けると岩と岩の間にすき間ができ、岩がはがれ落ちます。

氷点下になると、割れ目に入り込んだ水が凍り、割れ目を徐々に広げていきます。

数十種から1万種に増加 カンブリア大爆発

古生代カンブリア紀には、それまでは数十種だった生物が、突然1万種に及ぶほど爆発的に増加しました。その頃は、陸上には動物も植物も存在しておらず、岩と砂の大地でした。しかし、海の中ではさまざまな奇妙な姿の生物が大発生していたのです。これが、「カンブリア大爆発」です。

なぜ、それまで外見上はそっくりだった生物が多種多様になったのか、はっきりとはわかっていませんが、「眼」をもつ生物が誕生したことがきっかけになったのではないかという説が有力です。生物にとって有力な眼という感覚器官をもつことにより、食うものと食われるものの食物連鎖の関係が加速して、進化することにより多様性を生み出したのではと考えられています。

カンブリア紀には、肉食動物が誕生しました。肉食動物の中でも最大なものは、体長が最大で2mにも及ぶアノマロカリスです。強力な口をもち、体の側面には14対のヒレがあり、一定のリズムで動かしながらゆうゆうと泳いで、獲物を探していたと考えられています。

アノマロカリスの化石は世界各地で見つかっており、世界中で繁栄していたものと考えられています。それは2000万年近く繁栄したあと、突如姿を消してしまいます。そのユニークな体の構造を受け継いだ生物は、現在ではまったく存在していません。大いなる謎です。

アノマロカリスに食べられていたであろう生物にピカイアがいます。ピカイアは現生するナメクジウオによく似た生物で、背中の部分に脊索という1本の棒のようなものをもっていて、これを使って体をくねらせて泳いでいたと考えられています。ピカイアは以前、脊椎動物の祖先と考えられていました。つまり、遠く人間にまでつながる魚類、両生類、爬虫類、鳥類、哺乳類はピカイアが進化することで生まれてきたのです。

レナ川の石柱自然公園で見つかった珍しい化石としては、三葉虫の先祖ではないかといわれているフィトフィラスピス、初期の三葉虫である小さな三日月状の眼と小さな尾板、12~16の節をもつベルゲロニエルス、これも初期の三葉虫である、頭の部分と尾板で挟まれた節が2~3しかないユニークな形のデルガデラなどが見つかっています（図07-2参照）。

図 07-2 カンブリア紀の生物

■アノマロカリスのいた海中の様子

強力な口と14対のヒレを持つアノマロカリスは、カンブリア紀の代表的な生物。ピカイア（上の想像図の右上）などを捕食していたと考えられています。

■レナ川の石柱自然公園周辺で見つかった三葉虫の化石

フィトフィラスピスの仲間

デルガデラの仲間

三葉虫の写真：化石販売ショップ FFストアより提供

08

ジョギンズ化石断崖

Joggins Fossil Cliffs

カナダ

1 湾の激しい潮の干満で侵食された断崖に、石炭紀の地層が露出している

Basic Information

座　　標	北緯45度42分35秒／西経64度26分9秒
登録年	2008年
評価基準	(viii)
面　　積	689ha

カナダ東部、ノバスコシア州にある化石発掘地で、主に石炭紀後期の化石が発見されています。最も古い爬虫類の一つであるヒロノムスです。周辺は古生代には熱帯の森林であったと考えられており、まっすぐ立ったまま化石になった木も発見され、話題になりました。

石炭紀のガラパゴス

露になった古生代の生態系

カナダ東部のノバスコシア州ジョギンズの海岸沿いには、石炭紀後期のペンシルバニアン紀（およそ2億9890万~3億2320万年前）の岩石が15㎞にもわたって露出しているジョギンズ化石断崖があります。

ジョギンズは、1870年頃から石炭の採掘地として栄えましたが、時代の変化でエネルギー需要が石炭から石油に変わり、1958年には閉山となっています。

ジョギンズの海岸は、カンバーランド湾の激しい潮の干満により侵食され、崖には常に新しい壁面が露出されています。そのおかげで、ここでは96属148種にも及ぶ、多くの貴重な化石が発見されたのです。

ジョギンズ化石断崖は、地層の厚さは世界最大の規模で、豊富な化石が見つかることから、またダーウィンが『種の起源』でも紹介していることから、「石炭紀のガラパゴス」とよばれています。水中から陸上へと、生息環境を変化させてきた生物の化石の発見によって、地球の歴史と生物の進化を解明できる重要な場所なのです。

ジョギンズ化石断崖を世界的に有名にしたのは、近代地質学の父といわれるチャールズ・ライエル（P12参照）が1871年に、ここの断崖に露出している化石を、世界最良のものと評価したことに始まります。

この地の化石を多く集めたのは、ライエルの弟子にあたるノバスコシアの地理学者ジョン・ウイリアム・ドーソンで、発掘された化石の多くは、マギル大学のレッドパス博物館に収められています。

また、このエリアでは、海岸沿いに断崖絶壁や台地が続いており、以下の3つの生態系の跡が確認されています。

①**河口湾**　河口の入り江。
②**氾濫原の熱帯雨林**
③**森林**　淡水湖のある沖積平野で見られる火災頻度の高い森林。

図 08-1 石炭の生成過程

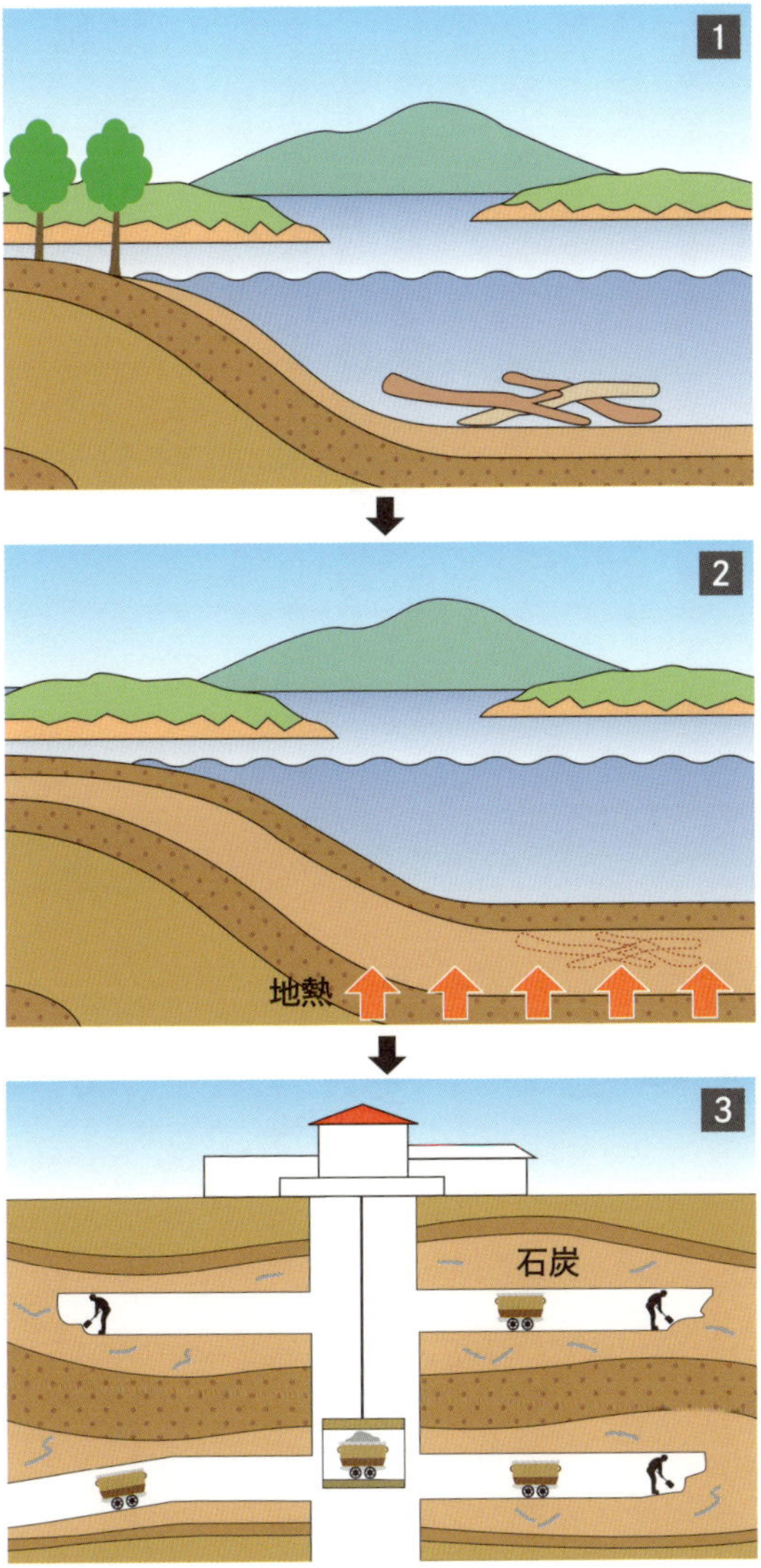

シダ植物や樹木の遺がいが、分解される前に沼や湖、海底に積もり、やがて土砂におおわれます。

地中に埋まった植物が、地熱、圧力の影響を受けて石炭に変化していきます。

長い年月を経て炭素の濃度が上がり、黒く、固くなって、石炭となります。石炭は人間によって採掘され、貴重な燃料となりました。

石炭ができた時代　石炭紀

石炭紀は、植物が大きな進化を遂げた時代です（図08-3参照）。世界各地の陸地で、ロボクやフウインボクなどのシダ植物や裸子植物が大森林をつくりました。その頃は、大気中の酸素濃度が約35％に上昇したことがわかっています。現在の酸素濃度は約21％ですから、かなり高い値です。

これらの植物の遺がいのうち水の底にたまったものは、水の中だと腐らないでそのまま残ります。その植物の遺がいの上に徐々に土が堆積して、長い年月を経て地層ができ、地層の重さによる高い圧力と高温の地熱で温められることで、炭素以外のほとんどの成分が抜けてしまい、石炭になっていきます（図08-1参照）。

この時代に大量の植物の遺がいが堆積したので、おびただしい量の石炭ができたのです。石炭は、約3億年前の植物の遺がいが変化したものです。「石炭紀」の名前は化石燃料として使われる石炭から付けられたのです。

石炭には硫黄や窒素も含まれるため、燃やすことで硫黄酸化物、窒素酸化物として空気中に放出され問題になっています。最近では技術が進み、有害物質を高い割

図 08-2　世界の石炭の分布

アイ・エス・ユー「世界の石炭資源」に基づく

合で取り除くことができるようになりました。石炭は火力発電に大量に使われていて、日本国内の発電量の30％を担っています。

最古の爬虫類 ヒロノムスの化石

ジョギンズ化石断崖からは、1851年に爬虫類で最も古いといわれるヒロノムスの化石が見つかっています。発見したのは、やはりライエルとドーソンです。

ヒロノムスはトカゲによく似た、世界最初の爬虫類で、体長は20㎝ぐらいで、3億年前に出現したとみられています。一生を陸で過ごしたと考えられていて、卵は羊膜で包まれていたそうです。両生類よりも強力な顎を持ち、動きも素早く、昆虫やヤスデの仲間を捕食していたといわれています。

ヒロノムスの化石は、中が空洞になった木の幹の化石の中からよく見つかっています。切り株の中が空洞になったところに落ちて、出られなくなって死んでしまったのではと考えられています。

図 08-3 植物の進化

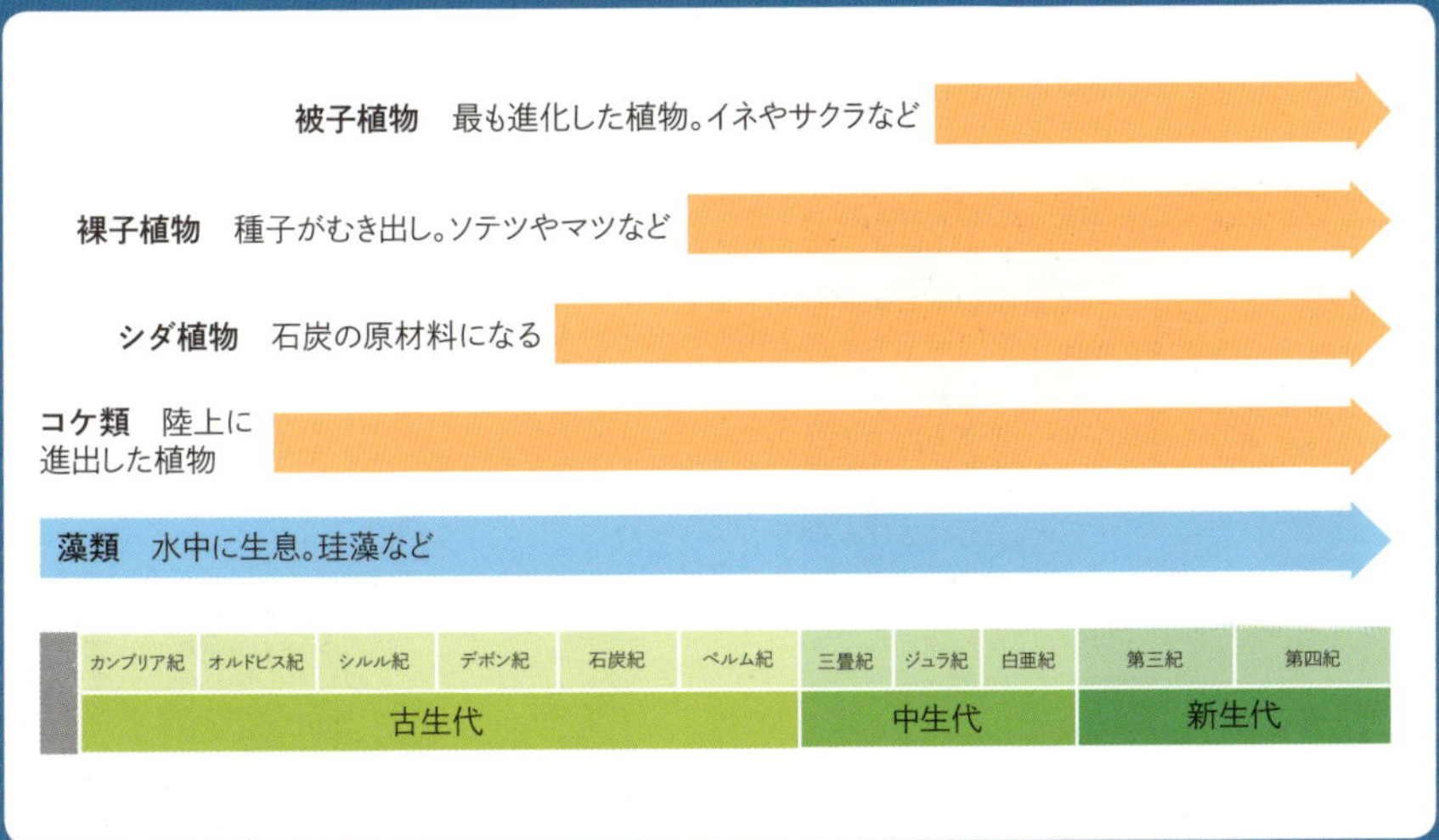

被子植物 最も進化した植物。イネやサクラなど
裸子植物 種子がむき出し。ソテツやマツなど
シダ植物 石炭の原材料になる
コケ類 陸上に進出した植物
藻類 水中に生息。珪藻など
カンブリア紀
オルドビス紀
シルル紀
デボン紀
石炭紀
ペルム紀
三畳紀
ジュラ紀
白亜紀
第三紀
第四紀
古生代
中生代
新生代

Column 4

サンゴ礁は地球を形づくる立役者

南国のリゾート地で、シュノーケリングやダイビングを楽しむために欠かせないスポットとなっているサンゴ礁も、地球の歴史を物語る証人の一つです。サンゴ礁は、造礁サンゴの石灰質の骨格が、テーブルの形に成長して、長い年月をかけて集合したものです。

評価基準(viii)で世界遺産に登録されているサンゴ礁はグレート・バリア・リーフのみですが、サンゴ礁は、サンゴ礁としての寿命を全うしてからも、地球の姿を形作るのに貢献しています。

たとえば、本書のP.58～63で詳しく紹介しているカールズバッド洞窟群国立公園やスロヴェニアのシュコツィアン洞窟群の巨大な鍾乳洞は、サンゴ礁がもとになってできた石灰岩の地層です。鍾乳洞やカルスト地形は、評価基準(viii)に該当する世界自然遺産の中でも数が多いものの一つです。１体１体は小さいサンゴですが、こんな形で地球を形づくっていると考えると、なんとも不思議です。

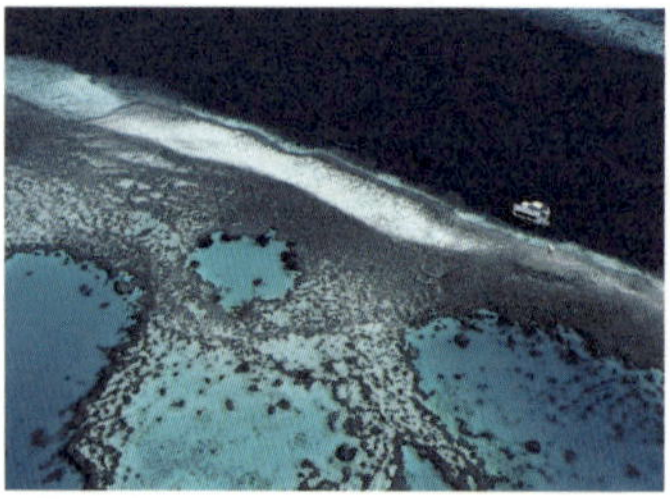

座標：南緯18度17分10秒／東経147度41分60秒
登録年：1981年
評価基準：(vii)(viii)(ix)(x)
面積：34,870,000ha

世界最大のサンゴ礁
「グレート・バリア・リーフ」

ヨーロッパ最大級。
カルスト地方の「シュコツィアン洞窟群」

座標：北緯45度40分0.012秒／東経14度0分0秒
登録年：1986年
評価基準：(vii)(viii)
面積：413ha

第4章

恐竜の全盛期と哺乳類の誕生

～生物の進化と大量絶滅

中生代がわかる遺産4

Contents

恐竜の大繁栄

中生代は、年代の古い順に三畳紀、ジュラ紀、白亜紀に分けられています。

古生代末に古生物の大量絶滅が起こったあと、地球上の生物の回復にはそれから600万年もの期間を必要としました。三畳紀の中期になると、陸上では単弓《たんきゅう》類が進化を続け、後期には哺乳類の祖とされるモルガヌコドン類が誕生しました。中期以降にはワニの祖先とされる爬虫類サウロスクスが出現し、後期にはついに恐竜類も誕生しました。海洋ではセラタイト類のアンモナイトが世界中で繁栄しました。また、モノチスという二枚貝は短期間のみ世界中に大繁殖しました。そのためその化石は、この時代を決める化石として重宝されています。ところが、三畳紀末にも大量絶滅が起こり、アンモナイトなどの海洋生物のほとんどが絶滅しました。

ジュラ紀にはパンゲア大陸はローラシアとゴンドワナという巨大な2つの大陸に分裂していきます。二酸化炭素濃度は現在の7~8倍もあり、極端な温室効果で地球温暖化が進み、温暖で湿潤な気候になり、海水温も高くなりました。陸上には各種裸子植物が森林をつくり、これらを食料にする草食性恐竜類が巨大化していきました。カマラサウルスやアパトサウルスなど全長が20~30mの草食恐竜が出現しました。草食恐竜を捕食する肉食恐竜も出現し、全長8mを超えるアロサウルスが食物連鎖のトップに立っています。この頃、体長30㎝以下の初期の哺乳類の生息が確認されています。ジュラ紀後期には、竜盤《りゅうばん》類の恐竜類から羽毛恐竜が生まれ、さらに進化して鳥類が出現しました。海洋には、三畳紀に絶滅したセラタイト類とは別の種類のアンモナイトが大繁栄しました。

白亜紀はさらに温暖化し、中期には最も気温が上がり地球上の海水面が史上最も高くなったことが知られています。北のローラシア大陸と南のゴンドワナ大陸はさらに分裂隔絶し、変化に富んださまざまな環境に分かれました。それに合わせるように、多種多様な形の恐竜類が出現しました。肉食恐竜では全長12mを超える最強の恐竜ティラノサウルス、草食恐竜では全長30mのディプロドクス、サイのような形のトリケラトプス、翼竜《よくりゅう》ではプテラノドンといった恐竜のスターたちです。海洋では、アンモナイト類や二枚貝類が繁栄し、また海生爬虫類フタバスズキリュウも全世界で繁栄しています。陸上では、裸子植物は減少し、花の形がはっきりと進化した被子植物が繁栄するようになりました。

生物の大絶滅

白亜紀の終わりの6600万年前、恐竜類を含め古生物のほとんどが絶滅しました。このときの大量絶滅の地層はK－Pg境界といわれ、そこから高濃度のイリジウムやススが検出されています。これは、メキシコのユカタン半島付近に残っています。そこには直径10㎞の巨大隕石が衝突し、地球環境を大変動させたことが原因と考えられています。隕石の衝突でできた直径180㎞もの巨大クレーターが発見されています。このときの衝突により、大地震と大津波が発生しました。

そして、衝突した巨大隕石はばらばらに細かく粉砕され、地表にできた穴（クレーター）の粉々になった岩石とともに、秒速数㎞の速度で噴出したのです。これらの噴出物は、長い年月地球の周りを取り巻きました。それは太陽光線をさえぎり、植物は光合成ができなくなり、多くの陸上の植物と海洋の植物プランクトンが絶滅しました。

そのため、草食性の動物が死滅し、それらをエサにしていた肉食動物も絶滅したと考えられています。

中生代の年表

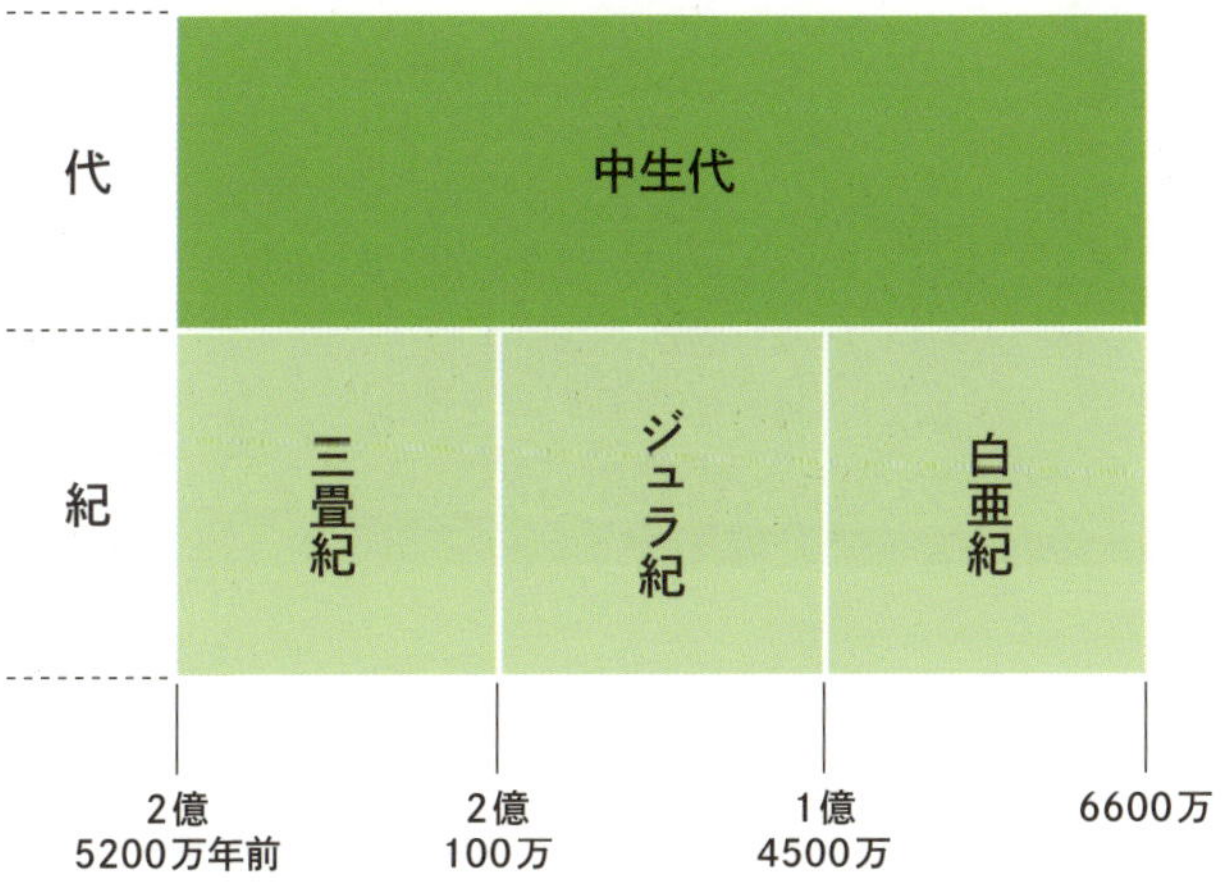
代
紀
中生代
三畳紀
ジュラ紀
白亜紀
2億
5200万年前
2億
100万
1億
4500万
6600万

09

カナイマ国立公園

Canaima National Park

ベネズエラ・ボリバル共和国

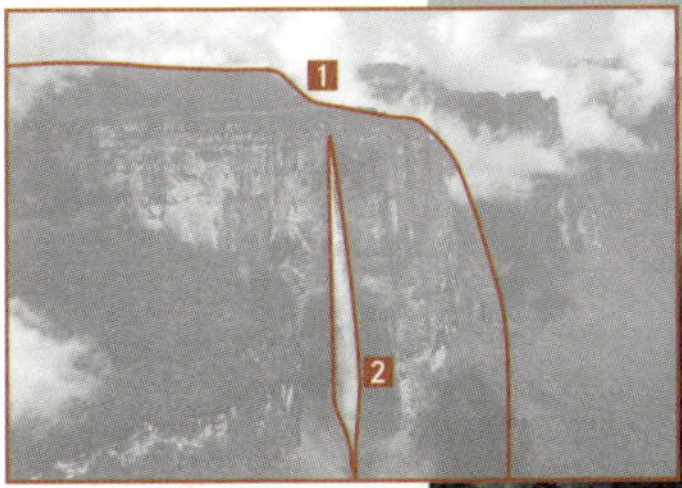

1 テーブルマウンテンの頂上はほぼ平ら。こういった台地がいくつも連なっている
2 エンジェルフォールの最大落差は979メートルで世界最大

Basic Information

座　標	北緯5度19分59.988秒／西経61度30分0秒
登録年	1994年
評価基準	(vii)(viii)(ix)(x)
面　積	3,000,000ha

南米6カ国にまたがるギアナ高地の一部をなし、世界最古の巨大なテーブルマウンテンがいくつも連なる姿は壮観。最後の秘境と呼ばれており、いまだ未踏の地も多く、新種の固有種が次々と発見されています。世界最大の落差を誇るエンジェルフォールも名高いです。

地球最後の秘境・ギアナ高地

100のテーブルマウンテンが連なる広大な国立公園

カナイマ国立公園は、南米6カ国にまたがるギアナ高地の中にある広大な国立公園で、その面積は、日本の中国地方に相当します。国立公園内には、およそ100のテーブルマウンテンが連なっています。テーブルマウンテンとは、文字通り、上部が平らになっているテーブル状の台地です（図09-1参照）。特にカナイマのテーブルマウンテンは、垂直な断崖絶壁に囲まれているため、およそ9割が人跡未踏です。この地にしか生息しない固有の動植物が多く存在し、新種も次々に発見されています。テーブルマウンテンの一つであるロライマ山はアーサー・コナン・ドイルのSF小説『失われた世界』の舞台にもなっており、人々の冒険心をくすぐる、まさに最後の秘境ともいえる土地です。

断崖絶壁は、もう一つの有名なスポットを作り出して

図 09-1 | 空から見たテーブルマウンテン

ギアナ高地のテーブルマウンテンを上から見ると、頂上部が平らになっているのがよくわかります。

います。最大級のテーブルマウンテン、アウヤンテプイから流れ落ちる、エンジェルフォール（アンヘルの滝）です。この地を探検したアメリカ人探検家、ジミー・エンジェルにちなんで名付けられたこの滝は、世界最大の979mの落差を誇ります。

大陸移動の影響を受けずに中生代の姿をとどめる地形

テーブルマウンテンが林立する地形は、どのようにしてできたのでしょうか。

テーブルマウンテンは、約20億年前の花崗岩の上に、砂岩の層が積み重なってできています。砂岩の層は、約18億年前、この地が湖の底だった頃に形成されました。それは、アウヤンテプイの頂にある渓谷の底近くの先カンブリア時代の岩石に、波の痕跡が見つかったことで、証明されています。

その後、中生代になって一帯が隆起をし、砂岩をいただいた巨大な一つのテーブルマウンテンができました。

テーブルマウンテンは、やがて砂岩の軟らかいところに亀裂が入り、それが広がることで、いくつかのテーブルマウンテンに分離しました（図09-3参照）。今では100を数えるテーブルマウンテンの連なりが特異な光

図 09-2 位置が変わらなかったギアナ高地

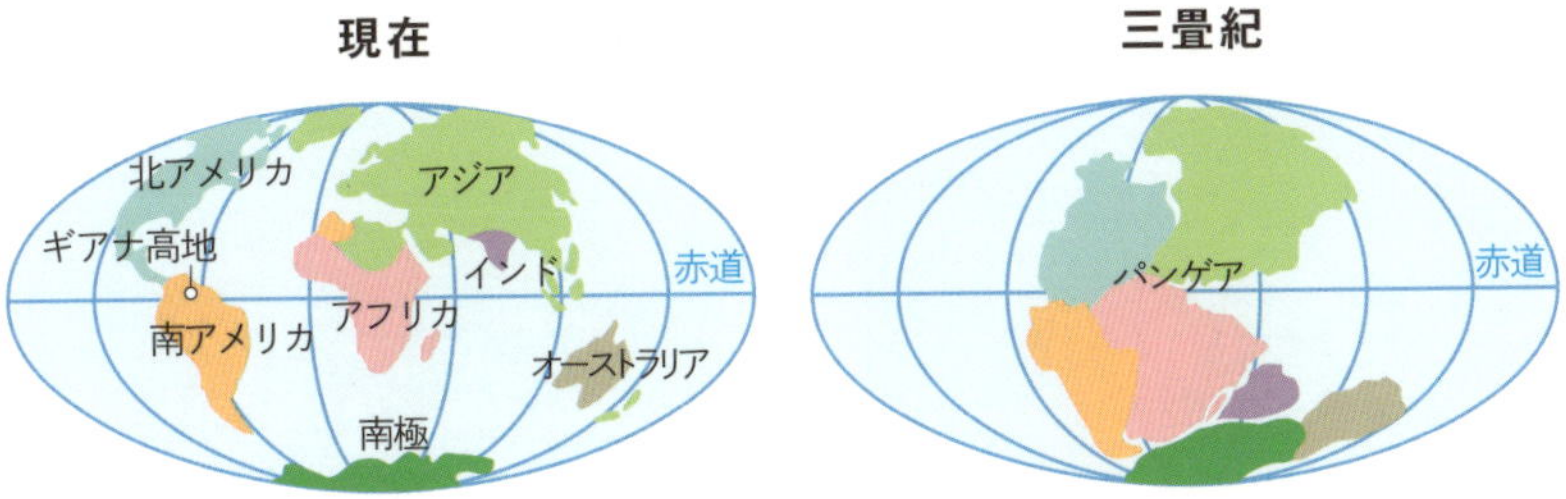

ギアナ高地は、大陸移動の際も、赤道上からほぼ位置を変えませんでした。そのため、大規模な気候変動などの影響をほとんど受けずに済んだと考えられています。

Dietz and Holden（1970）に基づく

景をつくり出しています。

しかし、中生代にできた地形は、その後のプレートの移動に基づく隆起や岩盤の風化侵食で、当時の姿をとどめられないのが通常です。なぜ、ギアナ高地は、現在まで中生代の姿を保ち続けられたのでしょうか。

ギアナ高地のある南米北西部は、中生代以降のプレートの移動の際に、赤道付近に残り続けました（図09-2参照）。また、ユーラシアプレートとインドプレートの衝突のように、大規模な造山活動に直面することもありませんでした。そのため、目立った環境変化が起こらなかったのです。地球の歴史の中で「あまり作用を受けず、変わらなかった」ために、逆に独特の景観を今にとどめる珍しい例といってもよいでしょう。

台地の上を流れる川から落ちるエンジェルフォール

それでも、頂上の比較的もろい砂岩の層は、雨の影響を受けて変化しています。この地域には、北東からの貿易風により湿った空気が運び込まれ、大量の雨が降ります。降水量は年間4000㎜に達します。砂岩の亀裂を通して地中に染み込んだ雨水は湧き水となり、それが集まって岩盤を侵食し、川や渓谷を形づくります。テーブ

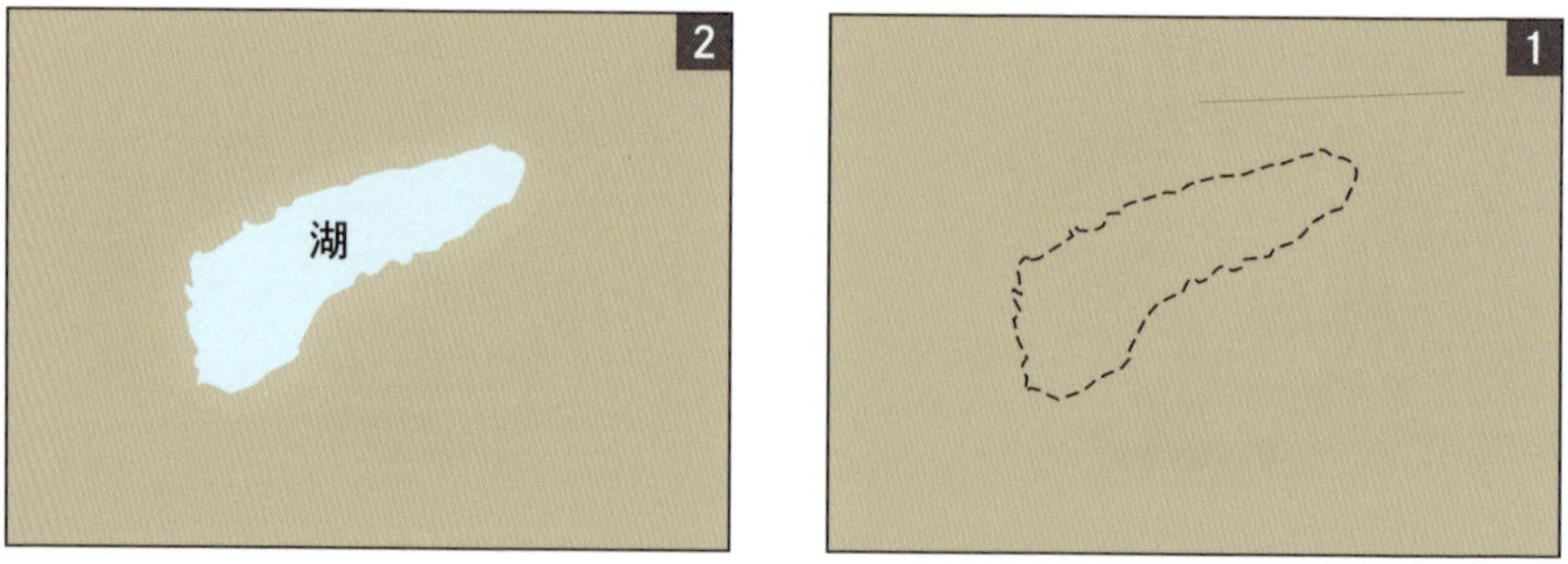

1 約20億年前、花崗岩の大地の軟らかい部分が侵食され、窪地が広がっていました。

2 約18億年前、窪地に水が溜まって、大きな湖になりました。湖底には土砂が堆積し、砂岩の層が形成されます。

ル状の台地の上に渓谷があるとは妙に聞こえますが、アウヤンテプイなどは、台地の面積は東京23区の面積に匹敵します。川が流れていても不思議ではありません。エンジェルフォールの源はこの川です。

多量の降水は地面の土砂を流してしまうので、台地の土地は非常にやせています。そのような環境下でも生育できる植物が独特の進化を遂げ、植物のうちの75%、およそ3000種が、ギアナ高地の固有種となっています。

ギアナ高地以外にもある古代の姿をとどめる台地

世界には、ギアナ高地以外にも、古い地層からなる楯状地とよばれる場所があります。どの地域も、構成する岩石は5億7000万〜35億年前に形成されたものです。

主なものには、カナダ楯状地、バルト楯状地（スカンジナビア半島）、オーストラリア楯状地（オーストラリア西部）、アラビア楯状地（アラビア半島西部）があります。

図 09-3 テーブルマウンテンの形成

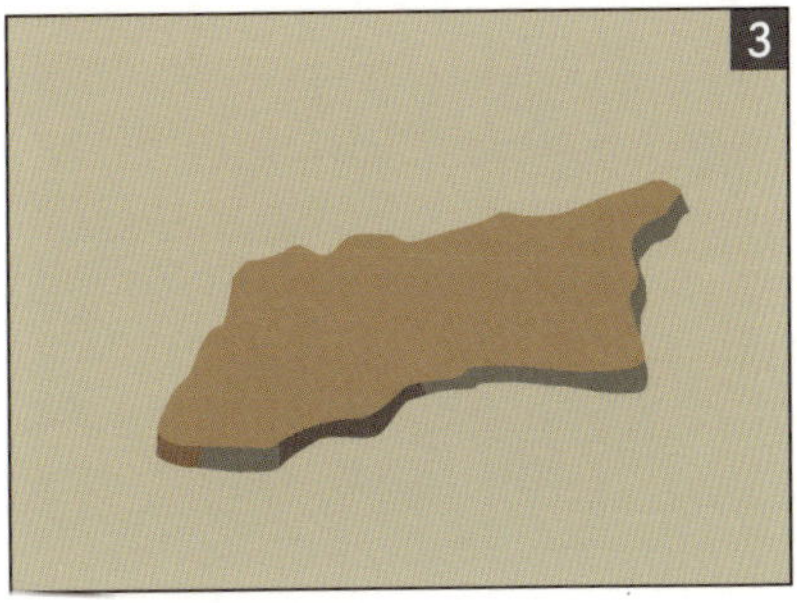

3 中生代になると、湖水は干上がり、周辺が隆起をし始めます。やがて、巨大な1つのテーブルマウンテンができあがります。

4 砂岩の層のうち、軟らかい部分に亀裂が入り、テーブルマウンテンが小さく分裂します。

10

ナミブ砂海

Namib Sand Sea

ナミビア共和国

1 砂丘（デューン）が連なる独特の景観。SF映画のロケ地などにも選ばれる
2 砂漠でも、低木や多肉植物などの植物の生育は認められる

Basic Information

座　　標	南緯24度53分7秒／東経15度24分28秒
登録年	2013年
評価基準	(vii) (viii) (ix) (x)
面　　積	3,077,700ha

赤茶色の砂丘がはるかに続く光景が印象的なナミブ砂海。ここまで大規模なデューン帯は、世界にも類を見ません。ここには、パルマトゲッコーやウェルウィッチアなど、独特の進化を遂げた動植物が生息しています。

海流が生む世界最大の砂漠

気象条件で分けられる砂漠のでき方

ナミブ砂漠は、アフリカ大陸のナミビア共和国の大西洋岸にあります。

ナミブ砂漠の中の南北320km、東西120km、面積300万ヘクタールの地域が、「ナミブ砂海」として世界遺産に登録されました。鉄分を含んだ赤い砂が砂丘をつくっています。

図10-1にあるように大きな砂漠は地球上にいくつかありますが、なぜ砂漠ができるのでしょうか？　砂漠ができるのは、一年を通じて極端に雨が少ないからです。降雨量よりも蒸発量が多いと、その地域は砂漠になります。

砂漠は、気象条件によって、次の4種類に分類されています。

①西岸砂漠（寒流による砂漠）

寒流が流れる沿岸地帯は、寒流により海水が冷やされ、上昇気流が発生しないことで雨が降らなくなり、砂漠化します。世界の海流の流れを見ると、大陸の西岸には寒流が流れており、それが原因で海岸部に砂漠ができています。

②亜熱帯砂漠（中緯度の砂漠）

緯度20〜30度の中緯度は、サハラ砂漠（アフリカ大陸北部）やアラビア半島の砂漠など、砂漠のできやすい気候条件になっています。それは、熱帯地域で生じる上昇気流が上空で中緯度に移動してから下降してくることが原因です。この乾燥した下降気流が絶えず発生しているので、雨が降らなくなり砂漠になってしまうのです。

③温帯の雨陰《うい ん》砂漠（フェーン現象による砂漠）

南米のパタゴニアに見られます。強い偏西風がアンデス山脈を越えると乾燥した風になり、温度が上がります（フェーン現象）。この乾燥した風が一年中続くことで、砂漠ができます。

④大陸の内陸砂漠

海から遠い内陸は、雨のもととなる湿った風が届かないため砂漠ができやすく、その上周囲に山がある盆地は、さらに砂漠化しやすい条件にあります。ゴビ砂漠（モンゴル）や、盆地にできたタクラマカン砂漠（中国）などがあります。

ナミブ砂漠は、①の典型的な砂漠です。アフリカ大陸西岸を寒流（ベンゲラ海流）が流れ、そこで偏西風が冷やされ、陸地に冷たい空気が流れ込みます。上昇気流が発生しないため、乾燥気候となりますが（図10－2参照）、しばしば霧が発生するのがナミブ砂漠の特徴です。そして、この霧から効果的に水分を摂取することで、この苛酷な砂漠地帯を生き抜くことができるよう、多くの動植物が独特の進化をとげています。

同様な成因をもつ砂漠に、南米チリのアタカマ砂漠があります。

ナミブ砂漠の周辺の地形

ナミブ砂漠の東縁は、グレートエスカープメントとよばれる急崖です。これにより、内陸の高地と区切られて

図 10-1　地球上の砂漠の分布図

います。この崖は、約2億年前の大きな地殻変動のときにできた巨大な断層崖です。

ナミブ砂漠の中央部には、砂漠を横切るようにして、東西方向にクイセブ川が流れています。クイセブ川は十分に降水のあった年だけ流れる川です。

ナミブ砂漠では、強い偏西風により吹き飛ばされた砂が、クイセブ川によって下流へ流されるため、クイセブ川の南側は砂砂漠に、北側は岩石砂漠になっています。海岸付近では南南西向きの強い風が一年中吹き、内陸では夏に南南西〜南西の風、冬には強い東風が吹きます。この風の影響を受け、ナミブ砂漠には、海岸近くにはバルハン砂丘（三日月型砂丘）や横列砂丘など、内陸部には線状砂丘などのさまざまな形態の砂丘が発達して、独特の景観を形づくっています（図10-3参照）。

ナミブ砂漠で見られる典型的な砂丘

図 10-2　ナミブ砂漠のでき方

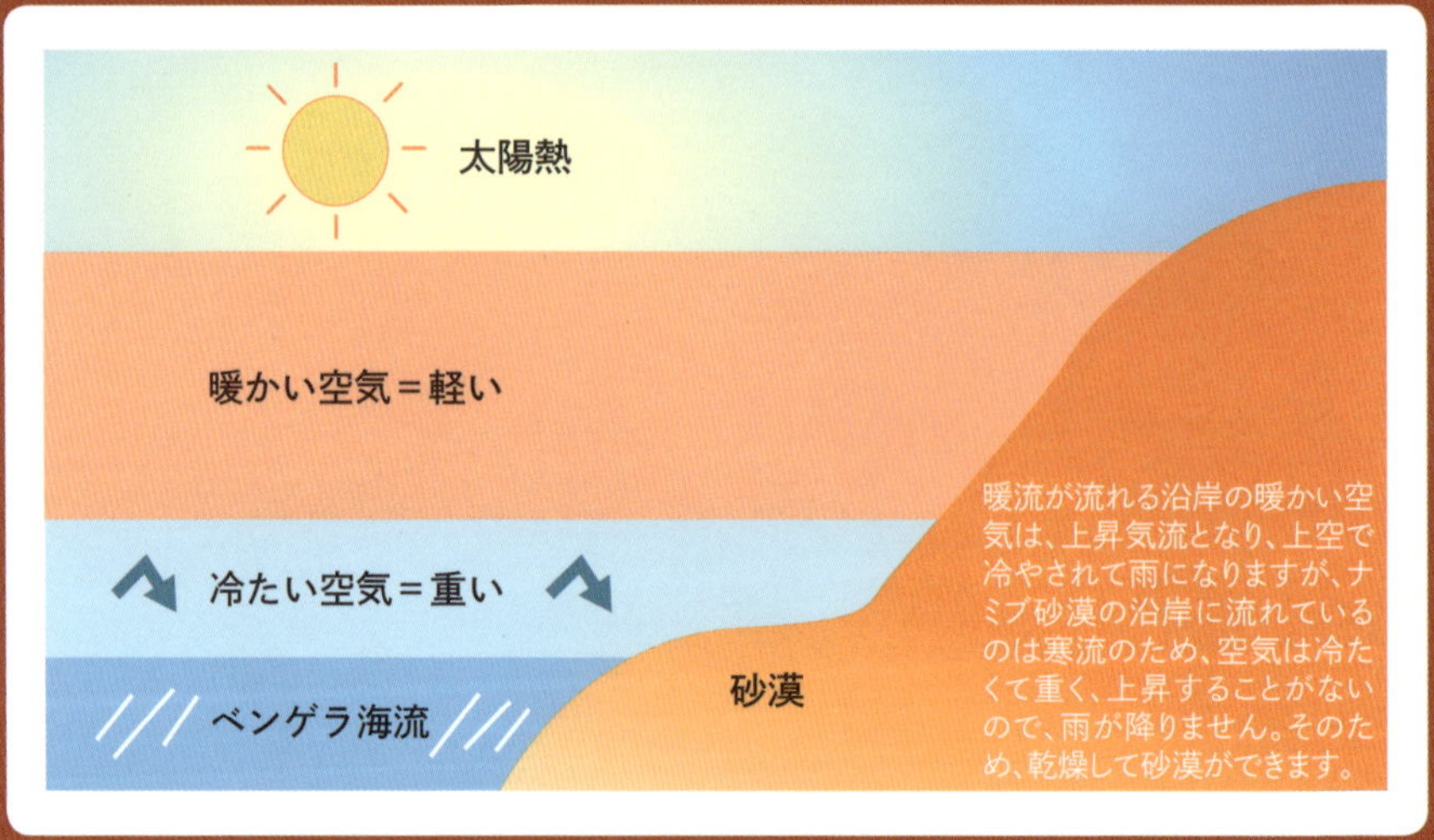

太陽熱
暖かい空気＝軽い
冷たい空気＝重い
ベンゲラ海流
砂漠
暖流が流れる沿岸の暖かい空気は、上昇気流となり、上空で冷やされて雨になりますが、ナミブ砂漠の沿岸に流れているのは寒流のため、空気は冷たくて重く、上昇することがないので、雨が降りません。そのため、乾燥して砂漠ができます。

図 10-3　砂丘の分類

■ バルハン（三日月）型砂丘

風の方向

小規模なものが多く、分布範囲が狭い砂丘です。

■ 横列砂丘

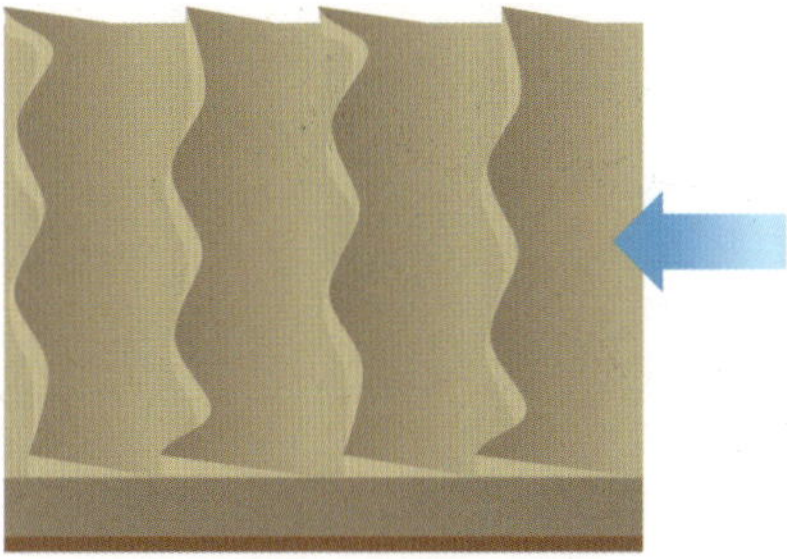

風の方向

中規模の大きさで、中央アジアや北アメリカに多い砂丘です。

■ 線状砂丘

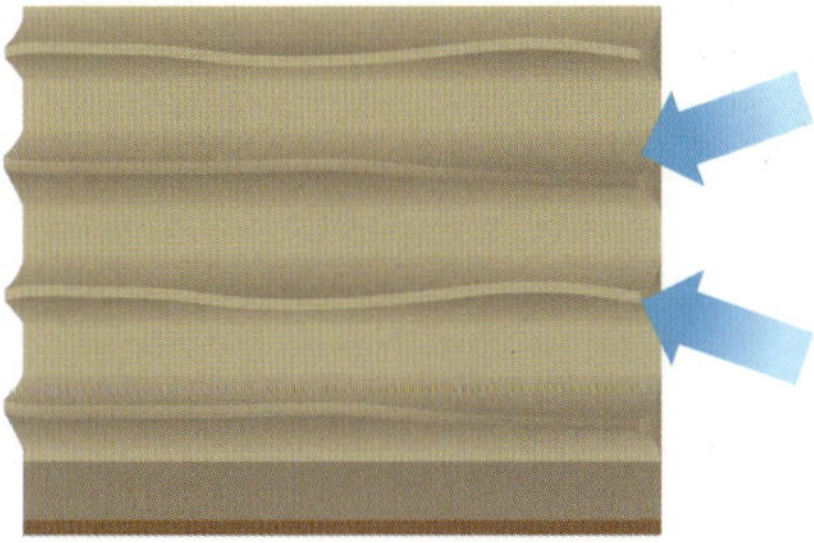

風の方向

規模が大きい砂丘です。鋭い尾根を持つタイプと、丸みがある屋根を持つタイプがあります。

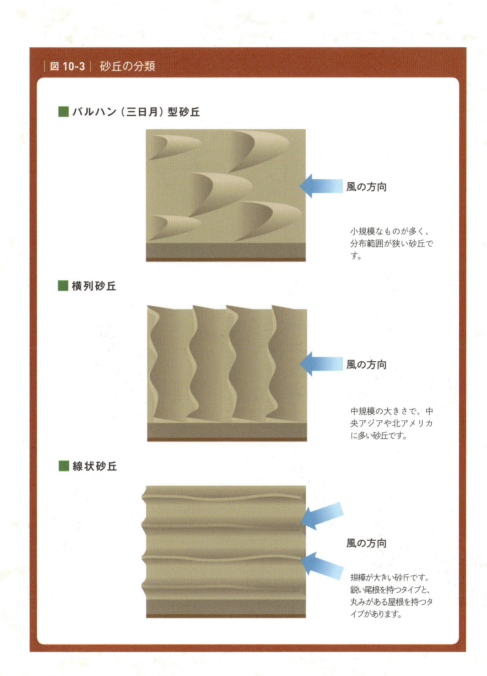

11

ダイナソール州立自然公園

Dinosaur Provincial Park

カナダ

1 むき出しの白亜紀の地層が広がるバッド・ランド。地層からは数々の化石が発見されている

Basic Information

座標	北緯50度46分4秒／西経111度29分32秒
登録年	1979年
評価基準	(vii) (viii)
面積	7,493ha

カナダ西部のアルバータ州の州立公園で、特に白亜紀の恐竜の化石が数多く発見され、一躍脚光を浴びました。州名を冠したアルバートサウルスやティラノサウルスが有名です。発掘された化石は、ティレル古生物博物館本館と、公園内にある別館で展示されています。

恐竜が大繁殖した白亜紀の名残

氷河の侵食作用でむき出しになった地層

ダイナソール州立公園は、カナダのアルバータ州にあります。この地域は、氷河や風雨の侵食で作られた奇岩がたくさん見られる荒涼とした原野で、バッド・ランドとよばれています。「ダイナソール」とはギリシア語で「恐るべきトカゲ」という意味で、世界最大級の恐竜化石層があることから、１９５５年にカナダの州立公園に指定されたときに名付けられました。

バッド・ランドでは、氷河の侵食により地表が削り取られ、７５００万年前の白亜紀の地表がむき出しになっています。そのため、アルバートサウルスやティラノサウルス、トリケラトプス、アンキロサウルスなど約40種、数にいたっては５００以上の恐竜の化石が見つかっています。ここでは、関節がつながった状態の恐竜化石が多く出土することでも有名です。

１９８７年には、化石好きの女子高校生が恐竜の卵の化石を発見したことをきっかけに、大規模な発掘調査が行われました。その結果、恐竜の巣や卵からかえる寸前の化石も見つかり、恐竜が集団生活をしていたことがわかる、歴史的大発見につながりました。

恐竜の繁栄したジュラ紀～白亜紀

古生代末には生物の大量絶滅があり、その後の生物の回復には６００万年を要したといわれています。恐竜は中生代の三畳紀に現れ、ジュラ紀、白亜紀と長い繁栄を迎えます。恐竜は敏捷で運動能力に優れた種が多く、ほかの爬虫類と異なり恒温動物だったという説もあります。

ジュラ紀は、裸子植物が主で、温暖で湿潤な気候でした。陸上には、カマラサウルス、アパトサウルス、セイスモサウルスなどの体長が40mにもなる巨大な植物食の

|図 11-1| 北アメリカの主な化石産地

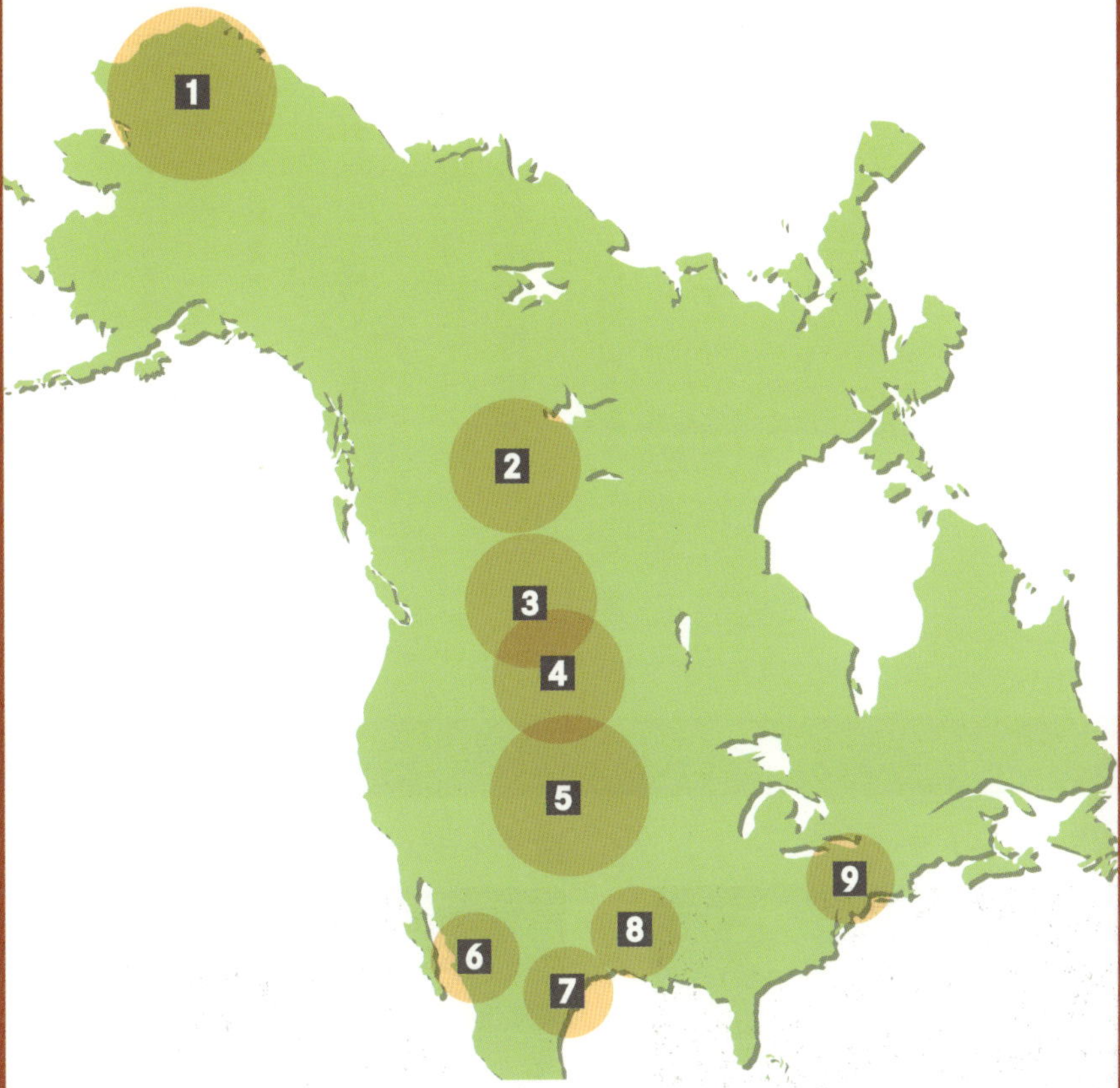

1 アラスカ北部
2 ナハニ国立公園周辺
3 ダイナソール州立自然公園
4 モンタナ州
5 コロラド州西部
6 メキシコ·北西部
7 メキシコ·コアウイラ州北部
8 テキサス州
9 ニューヨーク州南西部

『Newton別冊 恐竜の時代 改訂版』に基づく

恐竜が現れました。

そしてジュラ紀後期になると、体長が10mにもなる巨大肉食恐竜のアロサウルスが登場しました。さらに、約8000万年前には、ティラノサウルスが登場し、恐竜を頂点とする生態系に君臨しました。体長1m程度の小型恐竜から、体長30m・体重数十トンに及ぶものまで、さまざまな種類の恐竜が現れ、まさに地球上は恐竜の楽園になりました（図11-1、図11-2参照）。

パンゲア超大陸の分裂と白亜紀末期の突然の恐竜絶滅

白亜紀に入ると恐竜は、その姿、形や大きさなど、驚くほど多様な種に分かれていきました。その原因はどこにあるのでしょうか。

石炭紀後期の地球上には、パンゲアという一つの巨大な大陸があるだけだったと言われています。それがジュラ紀になると南北に分裂を始めて、ジュラ紀後期になると地殻変動が活発化し、北のローラシア大陸と南のゴンドワナ大陸に分かれました（図12-3参照）。

この一連の大陸移動で恐竜の生息地が広がり、海で隔絶されたさまざまな環境に合わせて進化することで、恐竜は多種多様な大きさや異なる性質をもつ種に分かれて

アルバートサウルス

カナダ・アルバータ州がその名の由来です。ティラノサウルスよりひとまわり小さいですが、鋭い歯は負けず劣らず強力です。

ティラノサウルス

最大30cmほどになる大きな歯と、巨大な頭部に備えた強力なアゴで獲物を噛み砕く、史上最強の肉食恐竜です。

いったものと思われます。

白亜紀末期の約６６００万年前、突然恐竜は地球上から姿を消してしまいます。それ以降の地層から、恐竜の化石はいっさい発掘されていません。

白亜紀と、次の時代の新生代古第三紀の境界の地層を調べると、粘土層にイリジウムという元素が含まれることが明らかになりました。ここ、ダイナソール州立公園の地層にも見られます。イリジウムは特別な元素で、通常では地表に存在することはありません。

これは、隕石が落ちてきて、イリジウムが世界中にとび散ったのが原因ではないかと推測されていました。その後、メキシコのユカタン半島で、同じ時代に形成されたと思われる直径１８０㎞にも及ぶ巨大なクレーターが発見され、大規模な隕石衝突が地球全体に及ぼす影響が次々と明らかになってきました。

巨大な隕石が地表に衝突すると、粉々になった隕石や地表の岩石の粉末などが大量に舞い上がり、地球の表面をおおってしまいます。太陽光線はさえぎられ、それが長期間続けば、地上では極端に寒い時期が続きます。植物は光合成ができず、多くの植物は死に絶えてしまいます。それだけではなく、超巨大津波、酸性雨、大火災なども考えられます。このような環境の激変で、多くの生物が死に絶えてしまったと考えられています。

図 11-2　白亜紀の恐竜

オルニトミムス

頭部が小さく首が長い、ダチョウのような見た目の恐竜です。肢が長く、時速50kmほどで走っていたと考えられています。

パラサウロロフス

鼻から伸びる長いトサカが特徴的な草食恐竜です。トサカは水中での呼吸のためにある、という説は、現在では否定されています。

12

サン・ジョルジオ山

Monte San Giorgio

イタリア共和国、スイス連邦

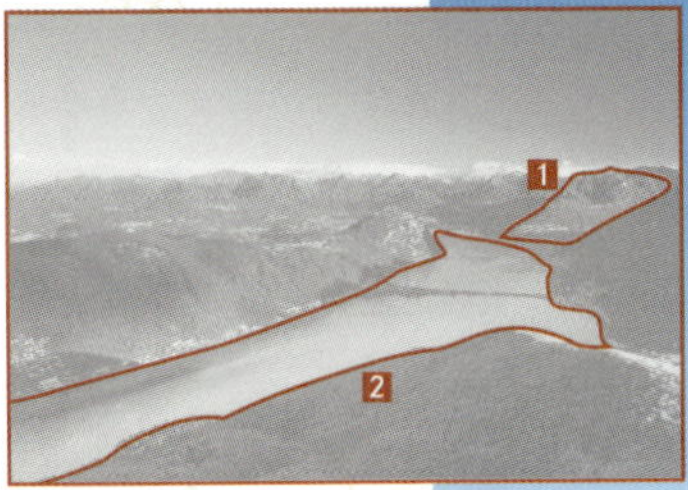

1 サン・ジョルジオ山は、標高1097メートルのピラミッド型の山
2 ルガーノ湖が二股に分かれたところに山がそびえる

Basic Information

座　標	北緯45度53分20秒／東経8度54分50秒
登録年	2003年、2010年範囲拡大
評価基準	(viii)
面　積	1,089.34ha

イタリア、スイスの国境近くにそびえるサン・ジョルジオ山は、三畳紀の海の生物の化石が良好な保存状態で発見されている発掘地です。周辺は古生代には亜熱帯のラグーンだったこともあり、恐竜の祖先といわれるティキノスクスのような陸生恐竜の化石も発掘されています。

中生代の海辺がそのまま残る山

大量の貴重な化石が発掘された国境の山

サン・ジョルジオ山は、ルガーノ湖の南、スイスとイタリアの国境にある緑豊かな1097mの山で、両国の世界遺産になっています。

この地帯は中生代三畳紀の頃、豊かな生物相があったサンゴ礁が囲む水深数メートルのラグーン（礁湖）でした。このラグーンは、古地中海といわれるテチス海とつながっていたと考えられています。

ラグーンの海底にあった石灰質の泥の中に、生物の遺がいが閉じ込められ、その後のアルプス造山運動（P146～149参照）によりこの地帯が山になったことで、非常に保存状態のよい化石が残りました（図12-2参照）。

1924～75年にわたり、スイスのチューリヒ大学などによって一連の発掘調査が行われました。その結果、

図 12-1　三畳紀の海岸の光景

タニストロフェウスは全長が6メートル、全身の3分の2が首、という爬虫類。海辺に生息し、海棲の生物を捕食していたと考えられています。

三畳紀に属する5つの地層からは、30種の爬虫類や80種の魚類、約100種の無脊椎動物、無数のミクロ化石など、保存状態のよい化石が大量に発掘されています。見つかった化石は、150年間に1万点以上といわれています。

出土した海洋生物の化石の存在から、この地域が海だったことが証明されており、また陸上の生物の化石も含むことから、この海は陸地と接していたことがわかっています。

発掘された化石の中には、全長6mと推定される爬虫類のタニストロフェウス（図12-1参照）、恐竜の祖先といわれているティキノスクスやセルピアノサウルス、セレシオサウルス、パキプレウロサウルスのほか、今まで知られていなかった針葉樹やシダ植物など、世界的に貴重な化石もあります。その学術的意義は大きく、ここで発見された化石の多くは、スイスの博物館に展示されています。

図12-2　化石のでき方

1 恐竜や貝の遺がいが海底に沈みます。
2 骨になって、その上に土砂が積もります。
3 年月を経て化石になり、海底は隆起します。
4 地層が侵食され、化石の層が露出します。

パンゲア大陸分裂と古代のテチス海

約3億年前の石炭紀後期には、地球上の陸地は一つの巨大なパンゲア大陸でした。ジュラ紀になると南のゴンドワナ大陸と北のローラシア大陸とに分かれました。両大陸の間のちょうど赤道上にテチス海がありました（図12-3参照）。

約1億8000万年前には、テチス海で砂岩、石灰岩などの堆積岩がつくられていきました。

この海岸の地層は、現在アルプス山脈やヒマラヤ山脈などの高山で見つかっています。

その後、テチス海はゴンドワナ大陸から切り離されたアフリカ大陸が、北米大陸と切り離されたユーラシア大陸に近づくことで消滅していきました。

テチス海の存在を証明する場所

古代の海、テチス海の存在を証明する場所は、サン・ジョルジオ山以外にもあります。

①ウスチュルト台地

カザフスタン南西部とウズベキスタン北西部に広がる地域です。白い岩の層が広がる奇観で有名です。この白い岩の層はテチス海でつくられたといわれていて、アンモナイトなど多くの化石が見つかっています。

②ヒマラヤ山脈

海底の堆積物と思われる激しく褶曲《しゅうきょく》した地層が露出していて、地層から多数のアンモナイトの化石が見つかっています。またテチス海の海水からできたと思われる岩塩がとれています。

③地中海、黒海、カスピ海、アラル海

ヨーロッパから中央アジアの間に点在するこれらの海または湖も、テチス海の名残といわれています。テチス海は「古地中海」ともよばれています。

もとはテチス海だったと考えられているカスピ海

図 12-3　パンゲア大陸の分裂

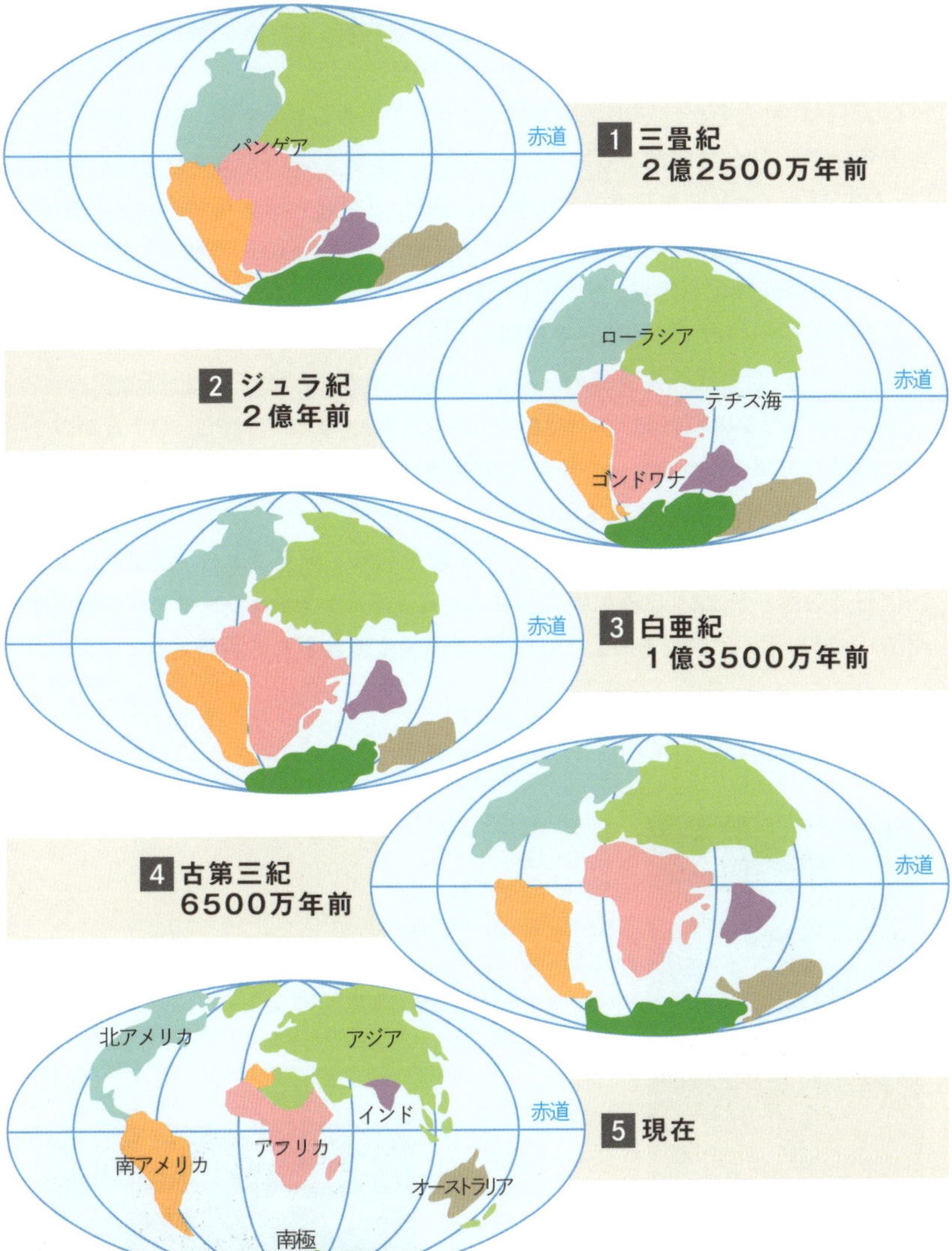

Dietz and Holden (1970)に基づく

Column
5

世界遺産となっている化石発掘地

「化石」は、私たちが地球の歴史を感じることができるものです。世界遺産には、世界各地の化石の発掘地も登録されています。本書では、「ジョギンズ化石断崖」(P.76)、「ダイナソール州立自然公園」(P.98)、「サン・ジョルジオ山」(P.104)を紹介しています。そのほか、ドイツの「メッセル・ピットの化石地域」や「オーストラリアの哺乳類化石地域」などがあります。

メッセル・ピットでは、哺乳類や鳥類などの、保存状況が良好な化石が次々に発掘されており、新生代の生物界の一端をうかがい知ることができる場所です。

オーストラリアの哺乳類化石地域の一つである、ナラコーテでは、17万年以上前に絶滅したフクロライオンの骨が、ほぼ完全な形で見つかったほか、肉食のカンガルーなどの化石が発見されました。

人類の祖先であるアウストラロピテクス類が初めて発見された「南アフリカ人類化石遺跡群」や、ジャワ原人が発掘されたインドネシアの「サンギラン初期人類遺跡」も世界遺産です。ただしこれらは、世界文化遺産として登録されています。

座標：北緯49度55分0.012秒／東経8度45分14.004秒
登録年：1995年
評価基準：(viii)
面積：42ha

「メッセル・ピットの化石地域」で発掘された毒ヘビの化石

ジャワ原人の頭蓋骨が発掘されたブクラン村の「サンギラン初期人類遺跡」

座標：南緯7度24分0秒／東経110度49分0秒
登録年：1996年
評価基準：(iii)(vi)
面積：5,600ha

第5章

変動する大地と人類の時代

～私たちと地球

新生代がわかる遺産8

Contents

哺乳類の時代の幕開け

新生代は、古第三紀、新第三紀、第四紀に分かれます。大陸の分裂は進み、約４０００万年前にはアフリカから分かれたインド大陸がアジア大陸に衝突して、チベット高原やヒマラヤ山脈の上昇が始まりました。約３８００万年前には南極からオーストラリア大陸が、約2000万年前に南極大陸から南アメリカ大陸が分離して、南極大陸が完全に孤立しました。そして、徐々に現在の世界地図の配置に近い状態になっていきます。

白亜紀末の大量絶滅以降、地球の大気中の酸素濃度は上昇傾向に、二酸化炭素濃度は低下の傾向になりました。古第三紀の初期には、海水が急激に温暖化し、表層温度は６℃も上昇、北極や南極でも針葉樹や広葉樹の森林が形成されました。恐竜が絶滅し、哺乳類と鳥類が新しい環境のもとで大きく発展。さまざまな形や大きさに進化していきました。哺乳類は、初期はほとんどが草食や昆虫食で大きさも最大でネコぐらいでした。それが、巨大な恐竜や爬虫類がいなくなったことで大型化していき、体長４ｍ以上のブロントテリウムなどが登場しています。後期には哺乳類の多様性が進み、ゾウ、サル、ウマ、サイ、イノシシ、サーベルタイガー、クマなどが現れています。オーストラリア大陸はほかの大陸と孤立していた（初期は南極大陸と南アメリカ大陸とつながっていた）ため、有袋類や単孔類などのほかの哺乳類と異なる特異な系統が進化していきました。海底には、大型の有孔虫類カヘイ石（ヌンムリテス）が繁栄し、この時代を代表する化石となっています。３４００万年前頃、海水温が急激に低下し、植物、哺乳類、海生動物などの分布域や種類も大きく変化していきました。

新第三紀は２３００万年前から始まりました。古第三紀に隆起し始めたヒマラヤ山脈やアルプス山脈が高山になったのはこの時代です。ヒマラヤ山脈の高山化が進んだ結果、アジア大陸内部の乾燥化が進み、１２００万年前以降には広大な草原が広がりました。この環境に適応し、イネ科の植物が繁栄し、これらの植物を食べるのに適した歯をもつウマやラクダなどの有蹄類が発展しました。世界中に哺乳類が繁栄し、現在の哺乳類のすべてのグループ以上（絶滅した哺乳類もいるため）の種類が出現しました。約３５０万年前には南アメリカ大陸と北アメリカ大陸がつながり、南アメリカ大陸で繁栄していた有袋類のうち、オポッサム以外は生存競争に負けて絶滅していきました。最も古い人類は、アフリカ中央部の約７００万年前の地層から見つかったサヘラントロプスという猿人です。

人類の時代の到来

第四紀は約260万年前から現在へ続く人類の時代です。第四紀になると、数万～10万年のサイクルで、氷期と間氷期という気候変動が交互に続くようになりました。寒冷な時代を氷期、温暖な時代を間氷期といいます。氷期になると、陸上に大型の氷河や氷床が発達し、海水面が下がります。氷期には、日本列島でも氷河が発達して氷河地形がつくられています。

現在は間氷期に当たり、約1万1700年前から温暖化しています。第四紀の中期にはマンモス、マストドン、オオナマケモノ、サーベルタイガーなどの大型哺乳類が絶滅しましたが、気候変動によるものか人類の活動によるものかははっきりしていません。

約250万年前の地層から見つかった人類の祖先とされるアウストラロピテクス（猿人）は、すでに二足歩行し石器を使っていました。現生人類（ホモ・サピエンス）は約10万年前にアフリカで誕生し、世界中へ広まっていったと考えられています。

新生代の年表

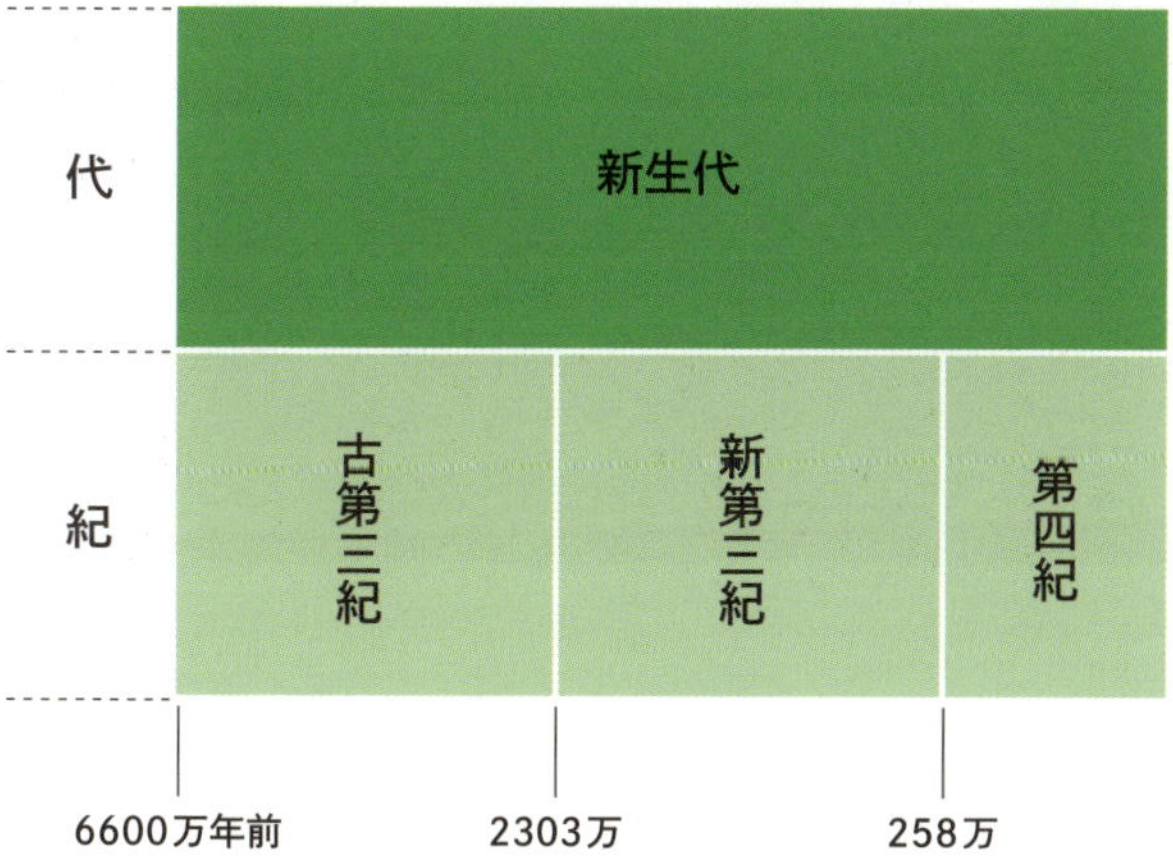

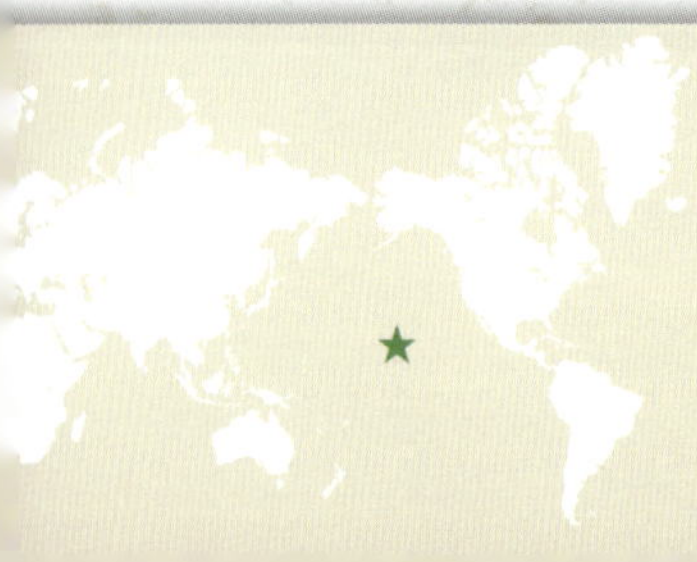

13

ハワイ火山国立公園

Hawaii Volcanoes National Park

アメリカ合衆国

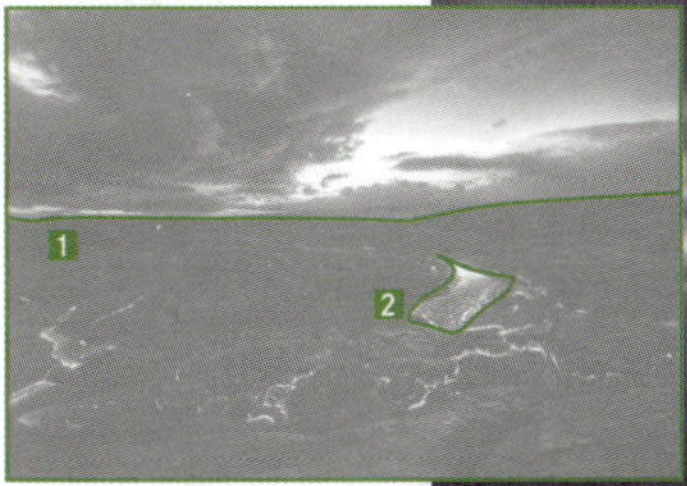

1 玄武岩質のマグマが固まって一面に黒々と広がっている
2 まだ固まっていないマグマもところどころにある。その温度は1000℃前後になる

Basic Information

座　　標	北緯19度24分3秒／西経155度7分25秒
登 録 年	1987年
評価基準	(viii)
面　　積	87,940ha

マウナ・ロア山とキラウエア山という、活火山を擁する国立公園です。キラウエア山は今でも活発に火山活動を続けていますが、大爆発をともなう種類の火山ではないため、比較的安全に見学でき、世界中から多くの観光客が訪れています。

ホットスポットが生んだ巨大火山

世界一活発な火山と最大の火山がそろう

ハワイ火山国立公園は、ハワイ島の南部の火山地帯を中心とした国立公園で、**キラウエア火山と、マウナ・ロア火山の2つを見ることができます。**

　キラウエア火山は標高が1247メートルあり、1983年より噴火を続けて、今も1日19万～49万m^3の溶岩を噴出しています。キラウエア火山はハワイの先住民族の聖地でもあります。キラウエアとは、「噴き出す」とか「多くまき散らす」という意味で、常に溶岩が流れ出していることからつけられました。

　マウナ・ロア火山は標高4169mと巨大で、海底の部分を含めると体積は7万5000km^3もあり、世界最大の活火山です。最後に噴火したのは、1984年のことでした。

ハワイ島の火山は、日本にある火山とは成因が異なり、

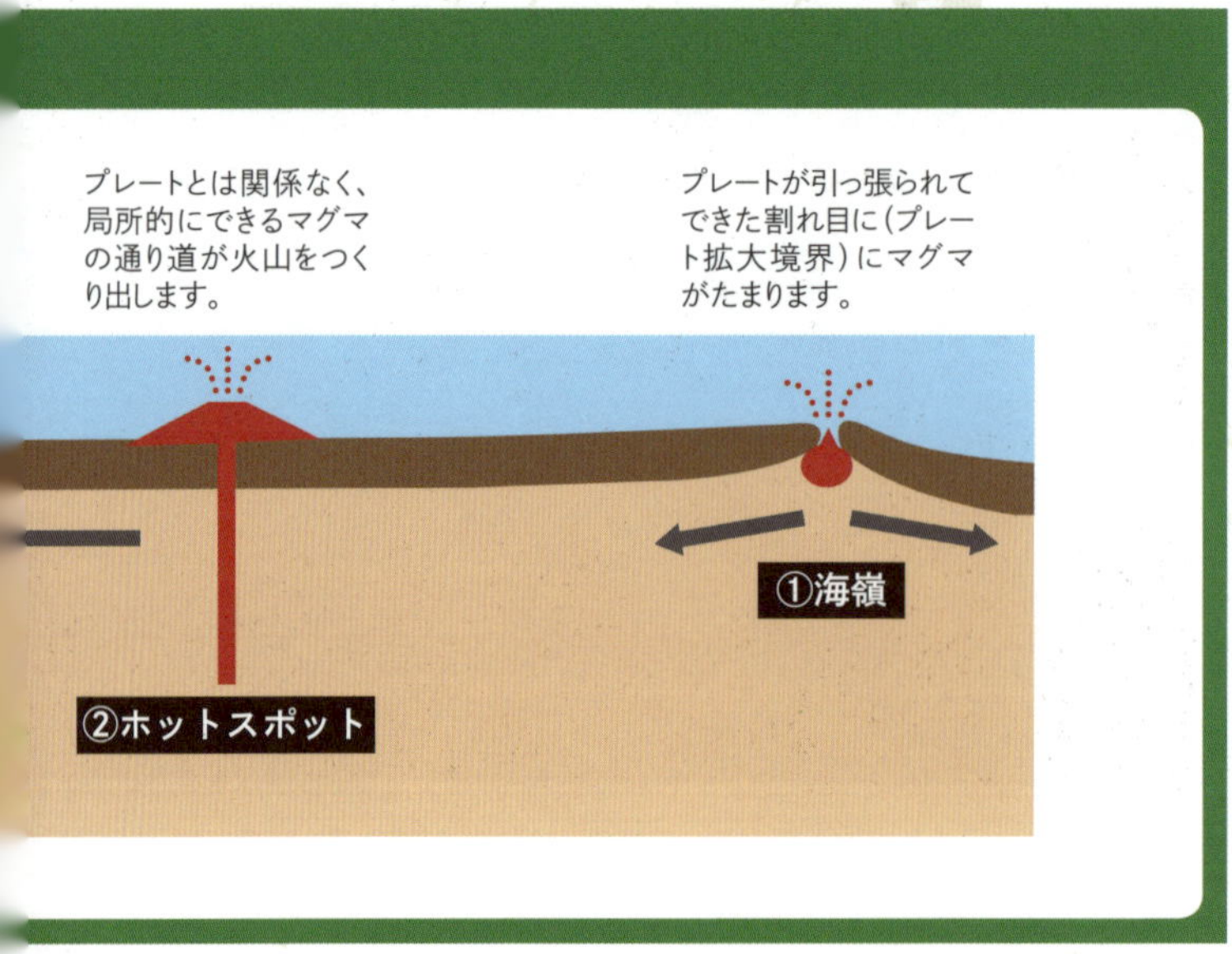
プレートとは関係なく、局所的にできるマグマの通り道が火山をつくり出します。
プレートが引っ張られてできた割れ目に（プレート拡大境界）にマグマがたまります。
①海嶺
②ホットスポット

ホットスポットとよばれるところにできた火山です。

火山は、地下のマグマの活動によってつくられますので、火山は限られた場所にしか存在しません。地球上には約1500の火山があるとも言われています。これらの火山は次の3つに分けられます（図13-1参照）。

①プレート拡大境界がつくる海嶺型火山

海嶺では、プレートが引っ張られてできた割れ目を満たすように、マグマが上昇してプレートが生産されていきます。地中にはマグマだまりがつくられ、そのマグマが噴き出して海底火山がつくられます。地球上で最も火山活動が活発な場所ですが、海底にあるのでその火山活動は目立ちません。

②ホットスポットがつくる火山

ホットスポットは、ハワイ島のように、プレートと関係なく存在し、位置が変化しないのが特徴です。ホットスポットの下には、地下の深部からマグマが上昇してくる通り道ができています。そこを通って、地下の高温の物質が上昇することで、地球内部の熱を効率よく地表に運んでいると考えられています（図13-2参照）。

③プレート沈み込み境界がつくる海溝型火山

海溝から100〜300㎞と、一定の距離をあけたと

図 13-1　火山の成因と3つのタイプ

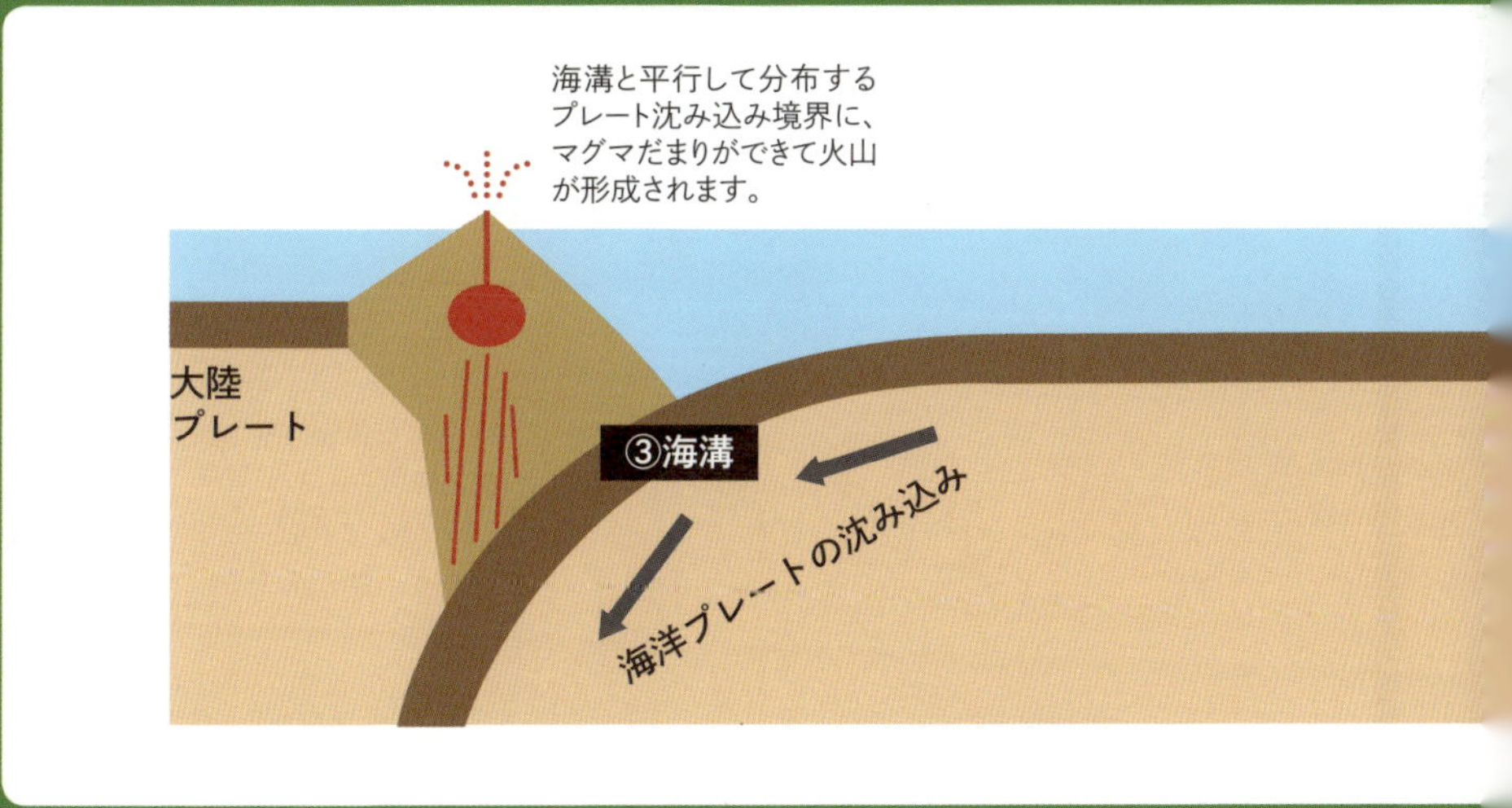
海溝と平行して分布するプレート沈み込み境界に、マグマだまりができて火山が形成されます。
大陸プレート
③海溝
海洋プレートの沈み込み

ころに、海溝と平行に分布します。沈み込んだ海洋プレートが十分な深さまで達し、地下にマグマだまりを形成すると火山ができます。日本列島の火山がこれにあたります。

地球上でのマグマの生産量の割合は、①プレート拡大境界62％、②ホットスポットが12％、③プレート沈み込み境界が26％と、圧倒的に①が占めています。

火山活動が生んだ ハワイ諸島

ハワイ諸島は、火山の活動でできた島です。ハワイ諸島の地下にあるホットスポットは、数千万年にわたって活動を続けてきています。

ハワイ諸島は、南東から北西に向かって一直線に並んでいます。これは、ハワイ諸島の乗っている太平洋プレートが、同じ方向へ移動していることを示しています。ホットスポットの位置は変わりませんが、太平洋プレートは年間8～9㎝のスピードで移動していました。そのため、ホットスポットがマグマを供給して火山ができ、大きくなって島になる、長い年月をかけてそれが移動すると、また新たな火山ができる、をくり返してハワイ諸島の島々がつくられたのです。カウアイ島ができたのは

図 13-2 ホットスポット火山の分布

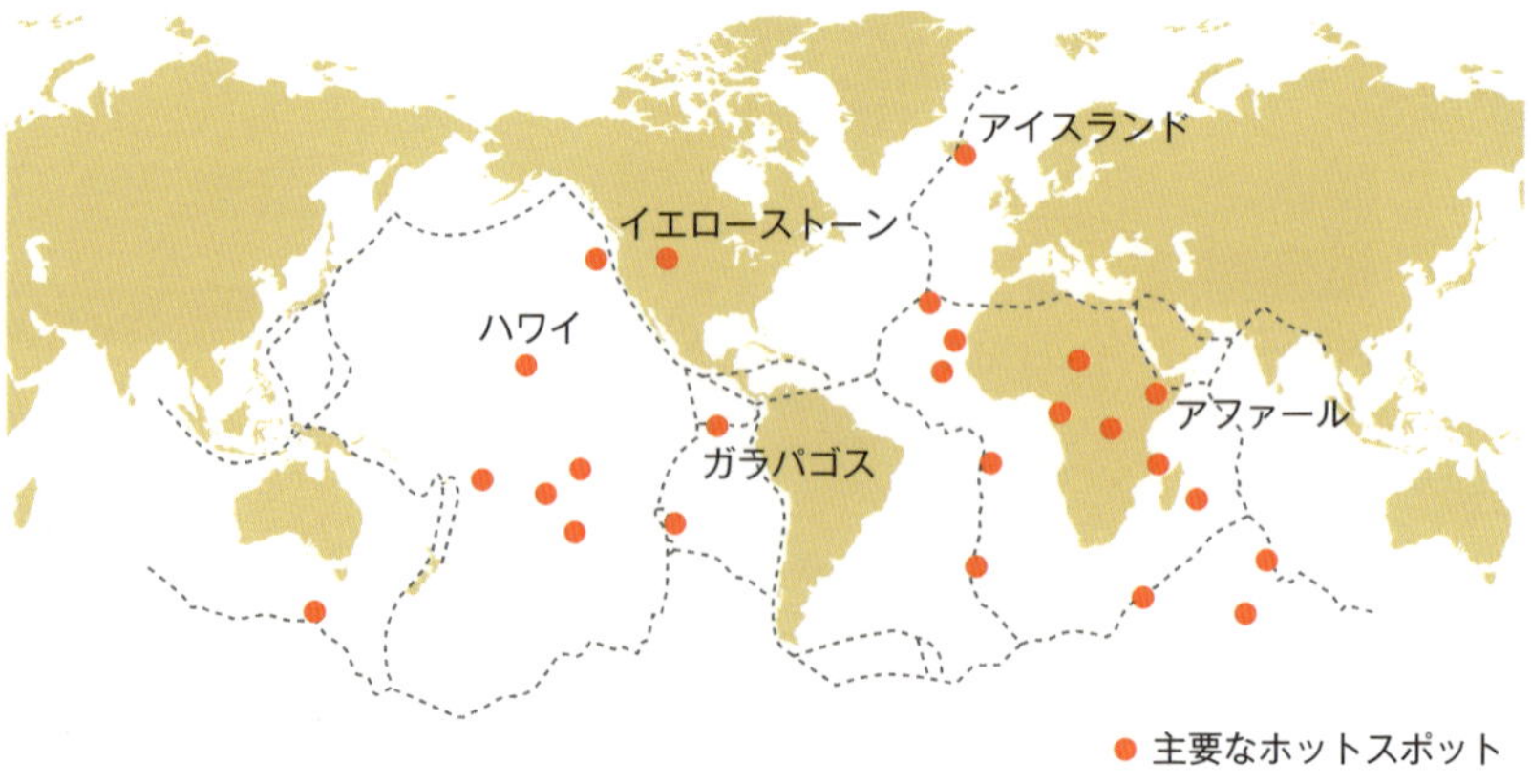
アイスランド
イエローストーン
ハワイ
アファール
ガラパゴス
主要なホットスポット

510万年前、オアフ島は370万年前で、すでにホットスポットをはずれてしまっているため、現在火山は死んだ状態です。

ハワイ諸島の溶岩の性質

今、噴火を続けているのはハワイ島のキラウエア火山ですが、ハワイ諸島の溶岩は玄武岩質の溶岩で、爆発的な噴火をほとんど起こしません（図13-3参照）。溶岩の性質は、粘性が低く、地表をおおうように流れます。そのため、世界一安全な火山といわれ、噴火口から流れ出た溶岩が、ゆっくりと海中まで下っていく様子を観察することができるので、人気の観光スポットとなっています。

ハワイ諸島で見ることができるのは溶岩です。マグマと溶岩は別物です。地下のマグマが噴き出して、火口から流れ出たものを溶岩といいます。高熱で液体状の溶岩は、冷えると岩石になります。この冷えた岩石も溶岩とよびます。火山が噴火すると、マグマの中に含まれる水分や二酸化炭素、二酸化硫黄、硫化水素などは火山ガスとして放出されます。これらの物質がなくなったマグマが溶岩です。

図 13-3　玄武岩

玄武岩質の溶岩は粘性が低く、地表をおおうように流れます。固まると、写真のような黒っぽい玄武岩ができあがります。

14

スティーブンス・クリント

Stevns Klint

デンマーク王国

1 むき出しの地層に、水平に入る黒いラインがK-Pg境界線。隕石の衝突でまき散らされたイリジウムの降り積もった痕跡

Basic Information

座　標	北緯55度16分2秒／東経12度25分24秒
登録年	2014年
評価基準	(viii)
面　積	50ha

シェラン島にあるこの化石断崖は、恐竜絶滅の謎を解く手がかりと考えられているK-Pg境界が露出している、地質学的に貴重な場所です。クリントとは、デンマーク語で「崖」を意味します。ユカタン半島沖に衝突した隕石による灰が、この地にも降り積もったのです。

大量絶滅の跡が残る化石断崖

K-Pg境界の発見とイリジウムの層

スティーブンス・クリントは、デンマークのシェラン島にある世界自然遺産です。40m以上の高さを誇る白亜質の海食崖が、14~15kmも続いています。

この断崖には、イリジウムを含んだ数cmほどの黒色粘土層が見られます（図14-1参照）。この地層は白亜紀と古第三紀の境界をなしていて、K-Pg境界とよばれます。KとPgとは、白亜紀（ドイツ語のKreide）と古第三紀（英語のPaleogene）の頭文字です。

この地層より新しい地層からは、恐竜やアンモナイトなど多くの生物の化石が発見されていないので、この時代に生物の大量絶滅があったことがわかっています。

この境界を発見したのは、アメリカのアルバレス親子の研究グループです。カリフォルニア大学の地質学者である息子のウォルター・アルバレスは、北イタリアのボッタチオン峡谷で、中生代の石灰岩の地層の中に含まれる微少化石である有孔虫を調べていました。そして、中生代の地層と新生代の地層の間にある数cmの粘土層を挟んで、有孔虫の種類がまったく異なることに気づきました。また、この粘土層を境に、新生代以降アンモナイトの化石がまったく出ないことが気がかりでなりませんでした。

なぜ粘土層を境に、白亜紀の生物がまったくいなくなってしまったのか、答えは粘土層にあると考えたウォルターは、父であるノーベル賞受賞者で原子物理学者のルイス・アルバレスに、粘土層の岩石の分析を頼みました。すると、イリジウムという重金属が通常の地層の160倍も含まれていることがわかりました。イリジウムは地球の表層には少ない元素ですが、宇宙から宇宙塵として、毎年ほんのわずかの量が降り積もっているものです。その後、世界各地のK-Pg境界から集めた岩石にも、多量のイリジウムが含まれていることがわかりました（図14-2参照）。

その結果、当時巨大な隕石が地球に衝突したのではないかという仮説が生まれました。そしてアルバレス親子のグループは、イリジウムの量から推定して、直径10kmにも及ぶ巨大な隕石が地球に衝突して、環境が激変したことが原因で大量の生物が絶滅したと考えたのです。アルバレスたちの論文は、1980年に発表され、世界中に大反響を巻き起こしました。

その後、メキシコのユカタン半島で直径が180kmもある巨大クレーターが発見されました。この地域で石油探査の調査をしていると、巨大な円形の地質構造が発見されたのです。しかも、ボーリング調査で掘り出された岩石を調べたところ、衝撃により変成した岩石が含まれており、年代は6500万年前と計測されました。

世界中で見つかっている K-Pg境界

ヨーロッパや北アメリカで露出している地層や、海底堆積物の調査で、世界中からK-Pg境界が見つかっています。日本でも、北海道浦幌町の活平層で1984年に発見されています。このK-Pg境界層は、北海道足寄町の「足寄動物化石博物館」に展示されており、見学することができます。

図 14-1 K-Pg境界線のイリジウムの層

写真は、アメリカ合衆国ニューメキシコ州のK-Pg境界線。中央の白いラインが、イリジウムを含んだ層です。スティーブンス・クリントのK-Pg境界線と同様、6500万年前の隕石の衝突の影響でできたと考えられています。

恐竜絶滅原因の移り変わり

なぜ白亜紀末期に突然恐竜が絶滅したのか、これまでにいろいろな仮説が説かれてきました。

①白亜紀になり裸子植物に代わり被子植物が優勢になると、植物によるアルカロイド中毒や便秘などが起こって絶滅した。

②哺乳類が大量に現れ、恐竜の卵を食べてしまった。

③生物の種は、繁栄すると遺伝子が異変を起こし絶滅してしまう。

④世界各地の地殻変動で、火山活動が起こり、その噴煙が世界中に広がって太陽光線をさえぎり、生物の絶滅につながっていった。

⑤恐竜は体が大きくなりすぎて絶滅した。小さな恐竜は、鳥類に進化した。

いずれの説も矛盾があり、海洋を含む多くの生物が絶滅した原因としては④以外は無理があります。近年では、隕石の衝突と火山爆発が両方起こって生物の大量絶滅に至ったという説も発表されています（図14-3参照）。

図 14-2 粘土層のイリジウム含有量

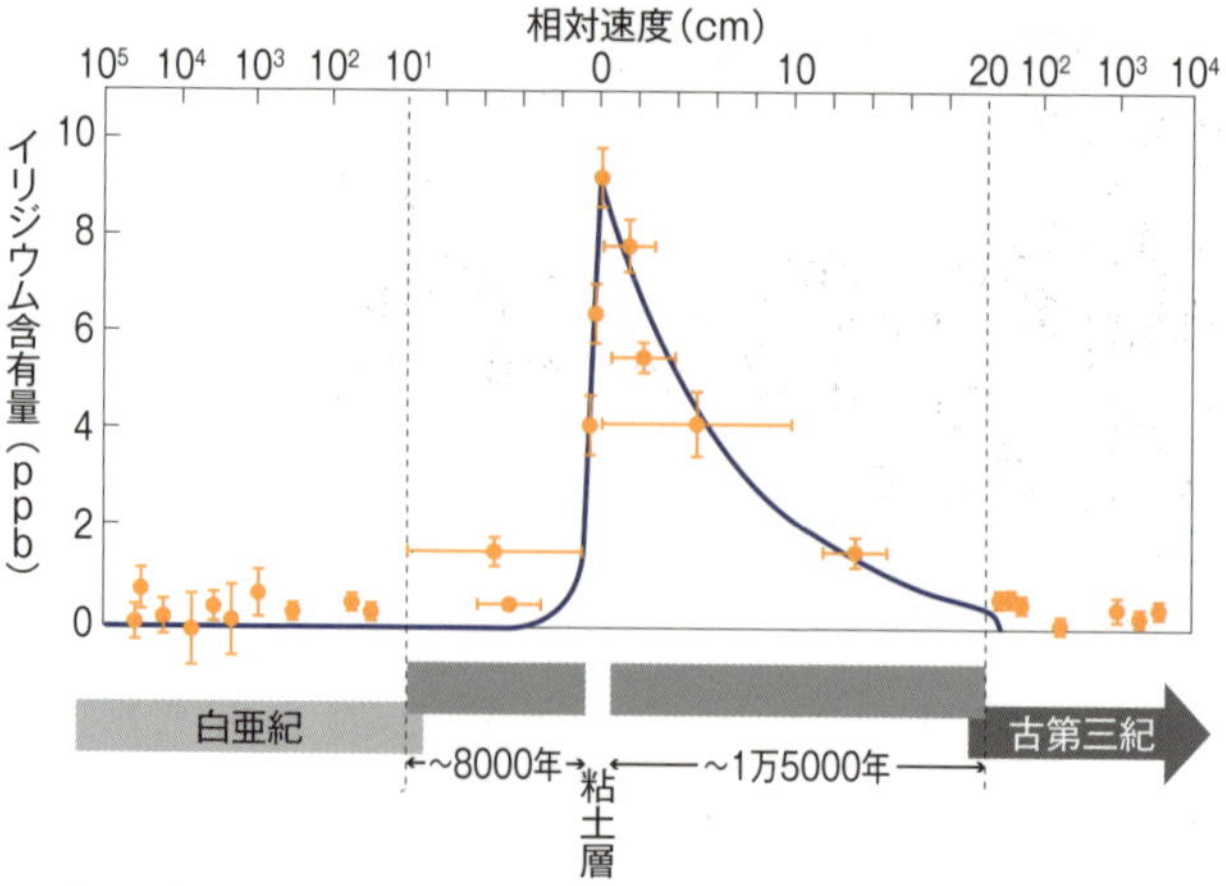

Alvarez et ai., (1980), Science, 208, 1095 - 1108.に基づく

図 14-3　生命の大量絶滅

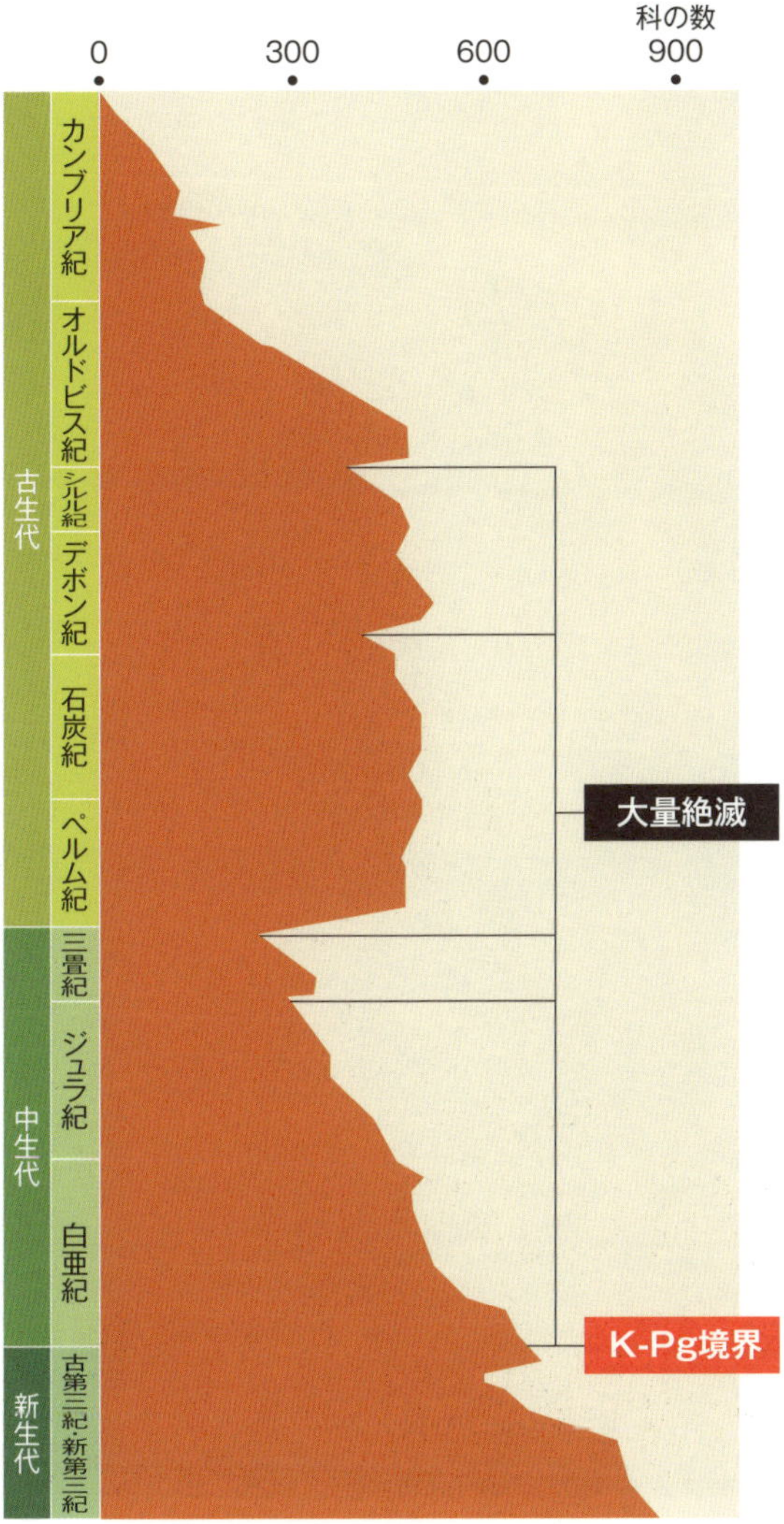

http://www.brh.co.jp/seimeishi/journal/044/research_11.htmlに基づく

15

ヨセミテ国立公園

Yosemite National Park

アメリカ合衆国

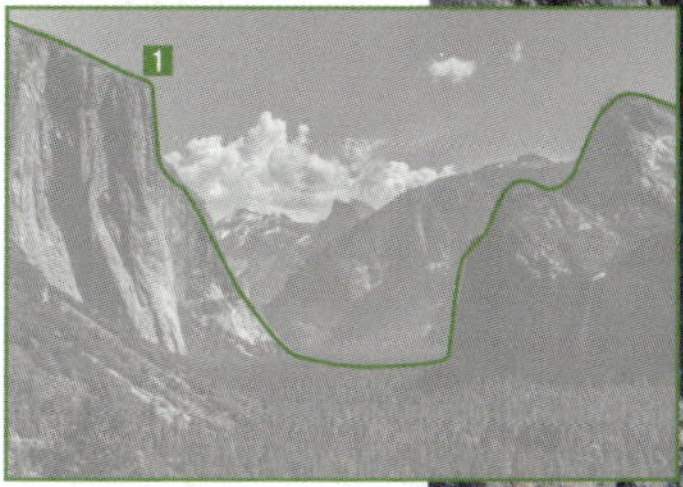

1 氷河が削り取った谷は、アルファベットの「U」の形をしていることから、U字谷とよばれる

Basic Information

座　　標	北緯37度44分46秒／西経119度35分48秒
登 録 年	1984年
評価基準	(vii) (viii)
面　　積	308,283ha

U字谷やモレーンなど、氷河が形づくった多様で美しい地形を楽しめる人気の国立公園です。世界最大のジャイアントセコイアなどの樹木、アメリカグマやハクトウワシなどの動物の宝庫にもなっています。

氷河がつくる雄大な景観

氷河が削ってつくる深い谷

ヨセミテ国立公園は、シエラネバダ山脈の中央部に位置する、約３０００㎞^{2}という広大な面積の公園です。氷河による侵食で削られたU字谷やカールとよばれる地形、氷により表面が磨かれた円錐形の岩山やモレーン（氷堆石）、約３００の氷河湖などがあります。ヨセミテの広い範囲には硬い花崗岩が分布しています。そのため、その後の侵食があまり進まず、氷期につくられた地形がきれいに残っています。

また、公園内の標高は６００〜４０００mと変化に富むため、生物相が豊富です。有名になった世界一高い樹木・ジャイアントセコイアを始め、１４００種を超える植物、アメリカグマなどの哺乳類が約１００種、ハクトウワシなどの鳥類が２００種以上生息しています。

U字谷とは、氷河の侵食によってできた谷地形のことです。高山の深い谷に氷河が形成されると、氷河は下方に少しずつ流れていき、谷の壁面や底面を削っていきます。この氷河に削られた地形は、壁面が急斜面で底面が幅広くなっており、断面を見るとU字形をしています。

一方、通常の河川により形成される谷は、断面がV字形になるのでV字谷とよばれています。

尾根に近い場所には、カールという地形があります。これは、氷河の侵食作用でできた椀状に削られた地形のことです。このカールの下には、モレーンという地形があります。氷河が谷を削りながら流れると、削られた岩屑などが一緒に流されていきます。その氷河の先端には、氷河が運んだ岩石や土砂が、土手のように堆積します。これを「モレーン」といいます（Ｐ１３７参照）。

氷河時代とは、地球が長期的に寒冷化した期間のことです。現在も地球の歴史の中では氷河時代です。この氷河時代には、寒冷な「氷期」と温暖な「間氷期」とがあります。約1万年前から現在は、地球の歴史の中では氷河時代で、間氷期にあたります。

氷河時代の気候を調べる

氷河は雪がその重さによって圧縮され氷の塊になったものです。世界的に気候が寒冷化し氷期になると、極域や高標高の場所で氷河や氷床が発達します。その氷河のもとになるのは雪であり、そのもとになるのは海水から蒸発した水です。つまり、氷期には陸上に氷河や氷床が発達する分、海の水は減り、海水準が後退します。海の高さが100メートル以上下がることが知られています。

ところで、水（H_2O）には、わずかに重さの違う水があります。それは、酸素同位体^{16}Oと水素が結合している水と酸素同位体^{18}Oと水素が結合している水です。^{16}Oは軽いため、それが含まれる水は蒸発しやすく、氷期には、陸上の氷河の中にはこの^{16}Oが結合している水が海水よりも多く含まれるようになります。このように氷期になると、海水の成分の濃度に僅かですが、変化が現れます。

海中で生育しているプランクトンは、自分の殻をつくるときに海水から成分を取り込んでいます。そのため、地層中に含まれているプランクトンの殻の酸素同位体の

図 15-1　氷河性海面変動のメカニズム

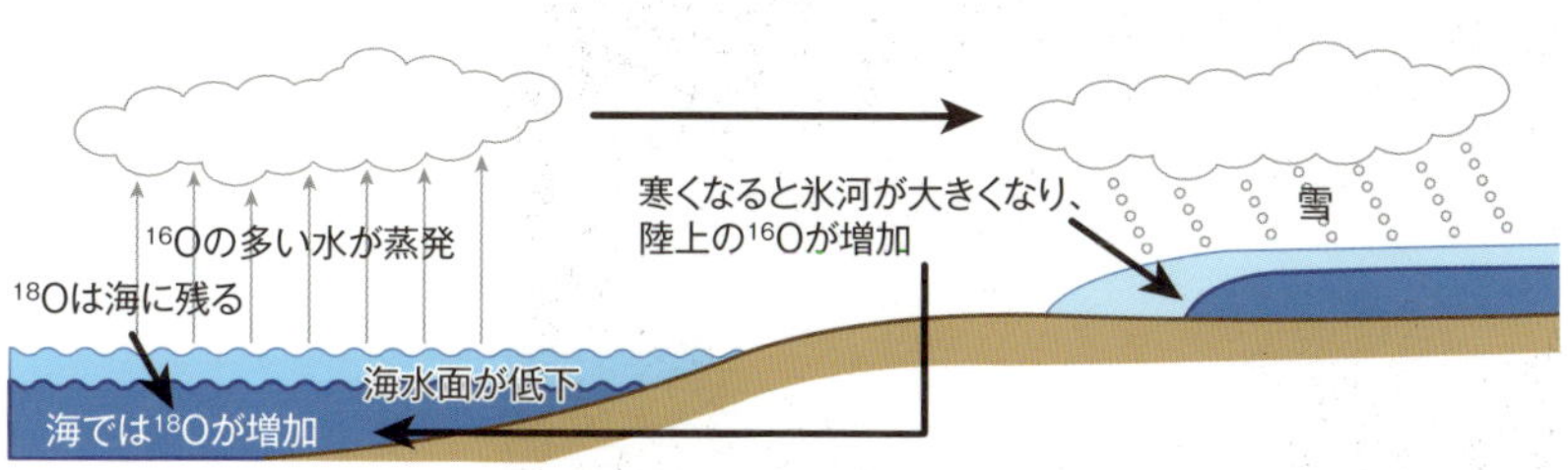

O（酸素）には^{16}O、^{17}O、^{18}Oの3種類があり、最も軽いのが^{16}O、重いのが^{18}Oです。軽い^{16}Oは蒸発して雲になり、^{16}Oを含む雪が降り、それが降り積もって氷河になります。海底の地層や氷河、氷床の氷から^{16}Oと^{18}Oの変化の比率を調べることで、過去の気候変動の実態を知ることができます。

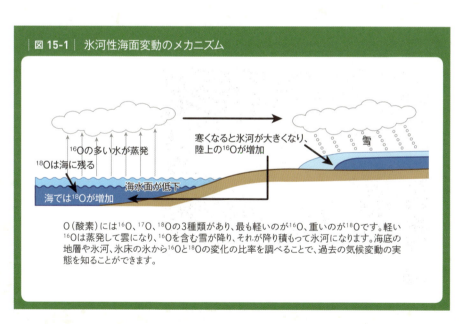

割合を調べると、そのときそのときの、海水中の^{16}Oと^{18}Oの比率がわかります。この比率は、陸上にどれだけ氷があるのかということを示しているので、海底の地層に含まれるプランクトンを調べると過去の氷河時代の気候の変化を調べることができるのです（図15‐1参照）。

氷河が生んだ地形と世界遺産

氷河は、地球を代表するダイナミックな風景を形づくる主な現象ですので、多くの氷河地形が世界自然遺産に登録されています(図15‐2、図15‐3参照)。カナダの「カナディアン・ロッキー山脈自然公園群」やスイスの「スイス・アルプス ユングフラウ‐アレッチュ」、中央アメリカで唯一第四紀の氷河活動の痕跡を示す例として、コスタリカ／パナマの「タラマンカ地方‐ラ・アミスター保護区群／ラ・アミスター国立公園」、ペルーの「ワスカラン国立公園」などが代表例です。

図 15-2　氷河の世界遺産の一例

ペルーの世界遺産、「ワスカラン国立公園」は熱帯地域にある氷河です。写真はピラミッド山とチャクララウ山。

図 15-3 | 氷河がつくるカールとフィヨルド

カール

氷河によって、山塊が丸みのあるスプーンでえぐられたようになった地形がカール（圏谷）です。カール壁、カール底で構成され、削られた堆積物がモレーンとなったり、カール底に水がたまってカール湖ができたりすることもあります。

日本国内にある代表的なカール、千畳敷（長野県駒ケ根市）。谷側と山頂側が急峻なカール状の壁に囲まれているのがわかります。

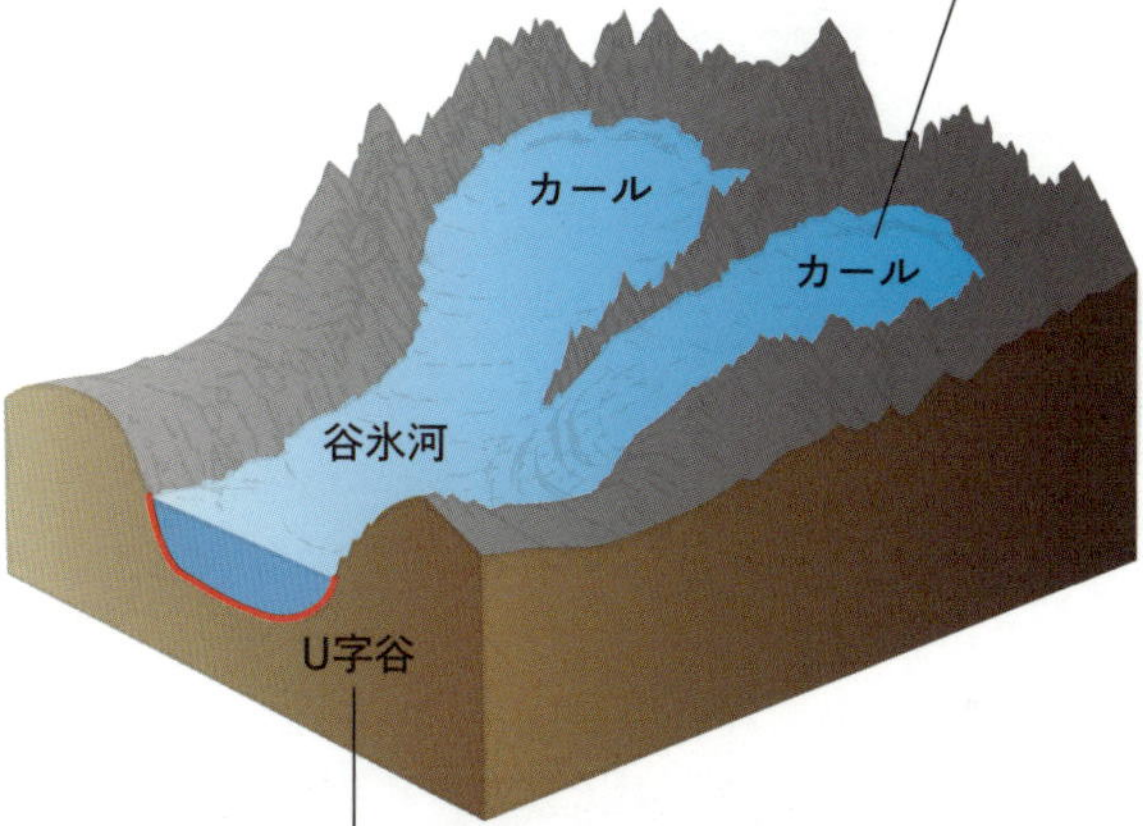

フィヨルド

U字谷に浸水してできた、入り組んだ形状の入江がフィヨルドです。スカンジナビア半島やニュージーランド、南米のパタゴニア地方に多く見られます。

世界自然遺産に登録されているノルウェーのガイランゲルフィヨルド。氷河が削ったU字谷に、海水が入り込んでできた深い入り江です。

16

ハイ・コースト／クヴァルケン群島

High Coast / Kvarken Archipelago

スウェーデン王国、フィンランド共和国

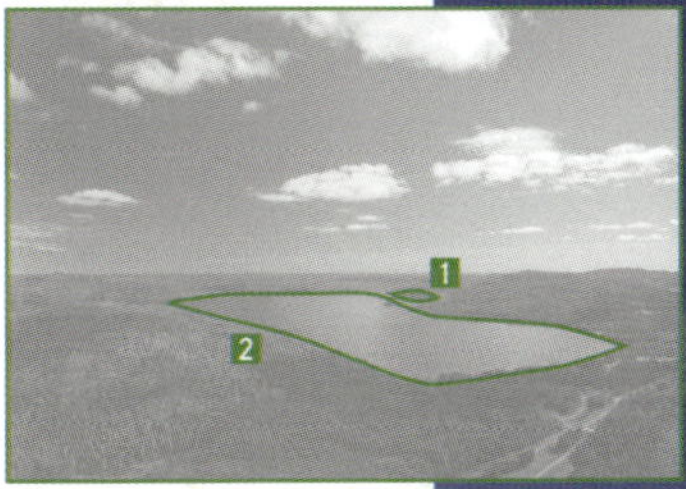

1 2 氷河によってつくられたモレーンが分布している場所が沈水して多島海をつくる

Basic Information

座　標	北緯63度17分60秒／東経21度18分０秒
登録年	2000年、2006年範囲拡大
評価基準	(viii)
面　積	336,900ha

スウェーデンのハイ・コースト（ヘーガ・クステン）とフィンランドのクヴァルケン群島は、アイソスタシーという現象が顕著に見られる、地球上でも珍しい場所です。美しい多島海ですが、例えば50年前の写真と比較すると、土地の隆起で海が後退している様子がよく分かります。

今も続く大地の隆起が生む景観

巨大な氷河が溶けたあと大地が反発して上昇

ハイ・コーストとクヴァルケン群島は、ボスニア湾をはさんでスウェーデンのハイ・コースト（ヘーガ・クステン）と、フィンランドのクヴァルケン群島からなる世界遺産の登録名です。これらの地域は、最終氷期末期から現在に至るまで土地の隆起が続く、世界でも珍しい地帯です。

ヘーガ・クステンという言葉は、高い海岸（ハイ・コースト）を意味します。もともとハイ・コーストのみが世界遺産に登録されていましたが、対岸のクヴァルケン群島でも同様の土地隆起の現象が観測されることから、2006年にクヴァルケン群島にまで登録範囲が拡大されました。

この地域は、氷期には厚さ約1km以上にも及ぶ巨大な氷河におおわれていました。この氷河の重みにより、地殻は500m以上沈み込んでバランスをとっていたものと考えられています。それが、氷河期が終わって氷河が溶けることで重みがなくなり、今度は反発して大地が上昇を始めました。こうした現象を「アイソスタシー」といいます（図16－1参照）。

アイソスタシーは、氷が水の上に浮かんでいる状態を考えるとわかりやすいと思います。氷は水よりも密度が小さいので、水の上に浮きます。大きい氷も小さい氷も、比べてみると、水の水面よりも上に出ている体積と、下の体積の比率は一定になっています。これは、海に浮かぶ大きな氷山ほど、海面下の部分が大きくなることで実感できると思います。

地殻やマントルを構成する花崗岩やはんれい岩、かんらん岩などの岩石はすべて固体であるにもかかわらず、このような現象が成立します。これらは固体ではありますが、極めて長い時間で見てみると、ゆっくりではありますが、変形して流体のようにふるまうのです。

図 16-1 アイソスタシーの模式図

水に浮かべた氷

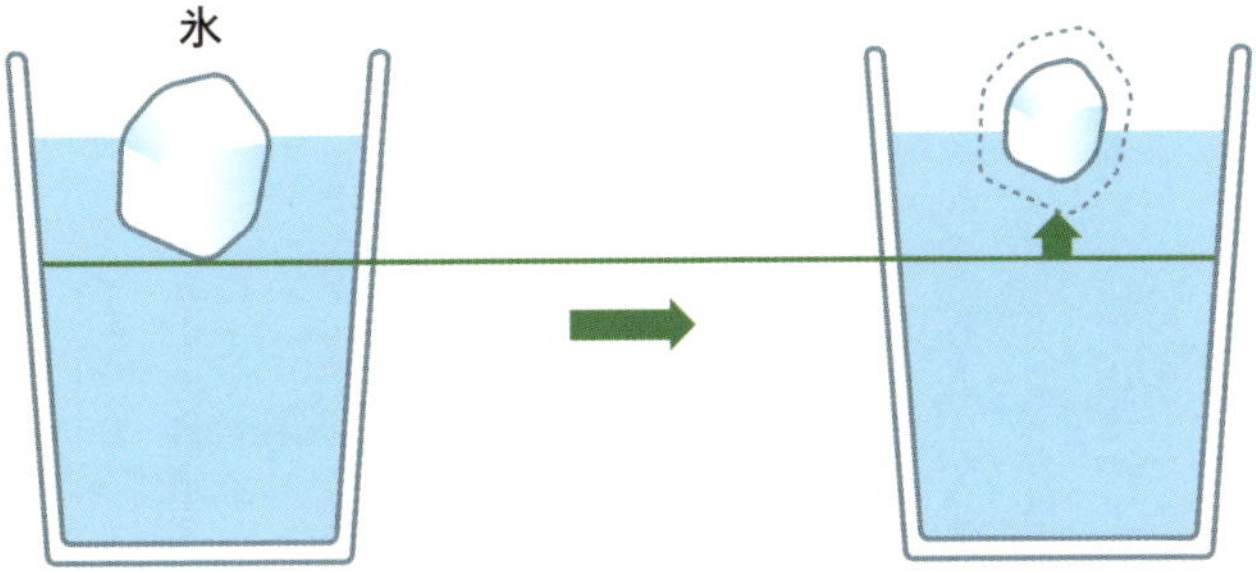

コップに水を入れて氷を１つ浮かべたと想像してみましょう。

氷が溶けると、その分、水中から浮き上がります。水面から上に出ている部分の体積と、水の下にある部分の体積の比率は同じになる、という原理です。

氷河に削られた地殻

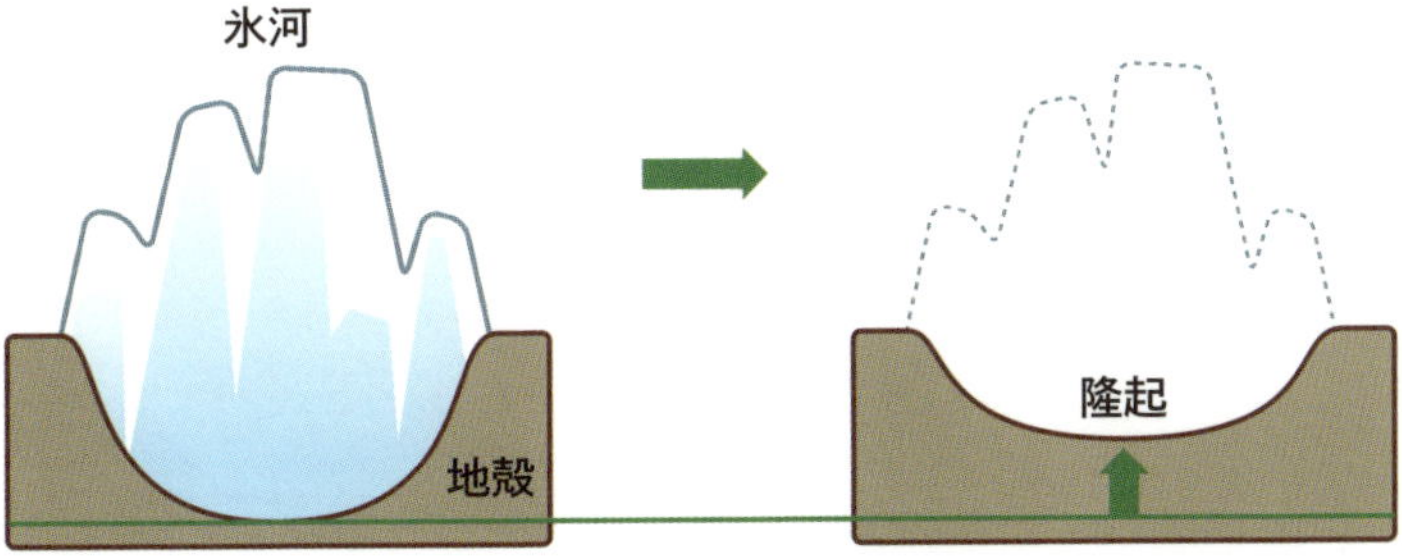

アイソスタシーの原理は、水に浮かべた氷と同じです。地殻を水、氷河を氷と考えてみましょう。

氷河が溶けてなくなった地殻は、その重さから解放されて隆起します。地殻は固体ですが、長い時間をかけると、液体と同じような動きをするのです。

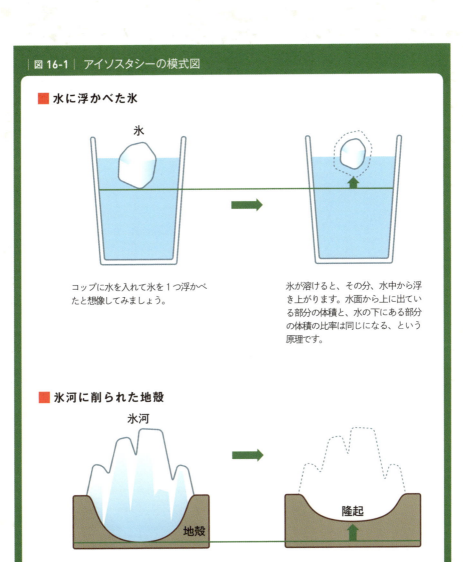

アイソスタシーが実感できる世界でも数少ないスポット

地殻にアイソスタシーが成立しない不均衡な状態にあると、地球はそれを回復しようとします。アイソスタシーが成立しているかどうかは、重力の異常を調べてみるとわかります。

このハイ・コーストとクヴァルケン群島では、重力には負の異常が認められています。そのバランスをとるために、この地域では年間8〜10㎜も大地が隆起し続けています。最高で300mほども隆起した土地もあります。

ここでは、100年で90㎝ほども上昇していることから、人間が生きているうちにアイソスタシーを観察することが可能な、珍しい場所でもあります（図16-2参照）。その大地の上昇による変化は、新しい島が生じたり、海が後退して島が陸続きになったりと、いずれも目に見える形で現れます。スウェーデンとフィンランドという2つの国も、実はどんどん近づいているのです。

図16-2 スカンジナビア半島の隆起量

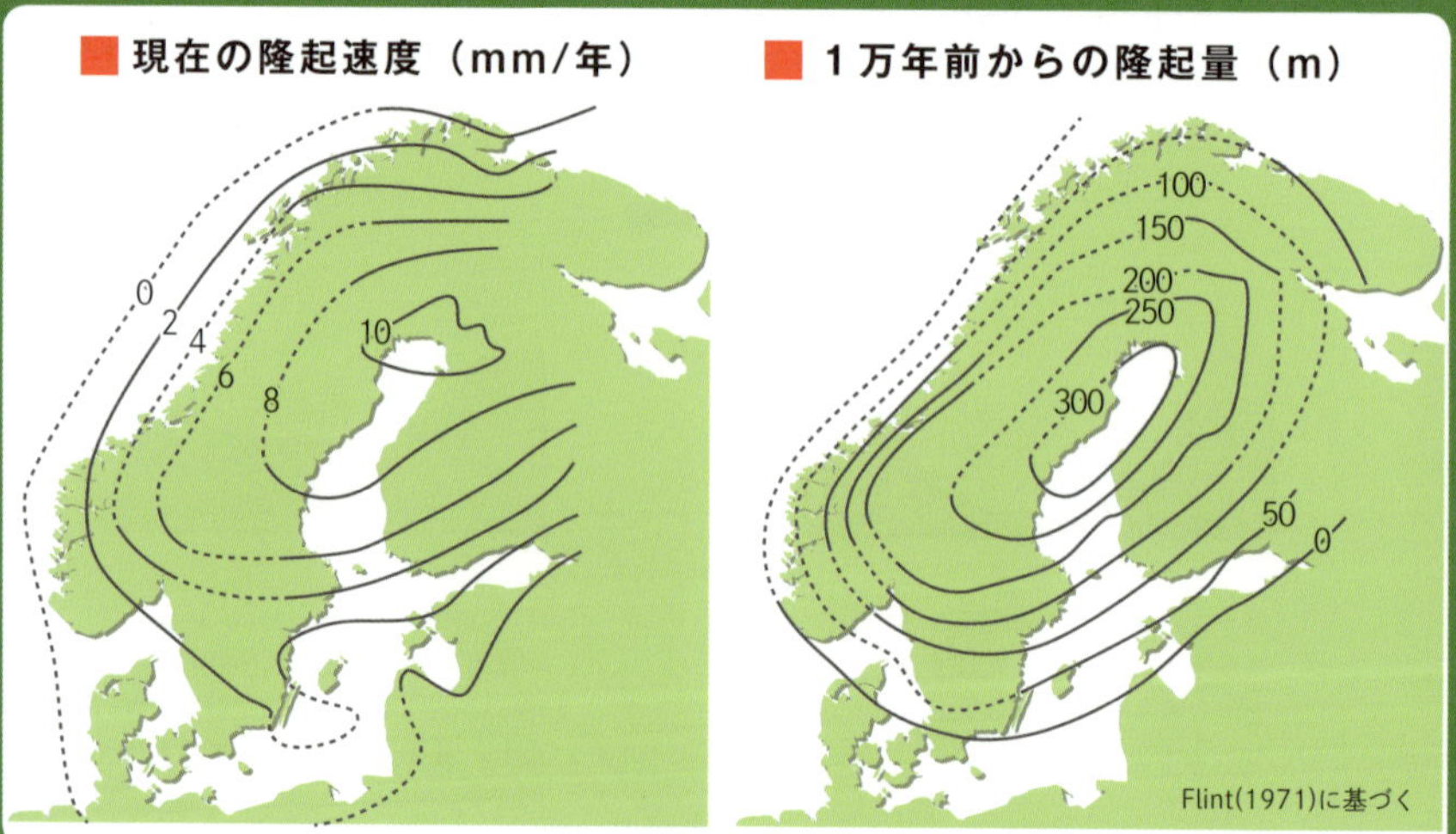

Flint(1971)に基づく

氷河の堆積物 モレーンでできた島々

クヴァルケン群島には5600もの島々があります。これらの島々は、氷河により削られた土砂が、氷河によって運ばれて、その前面に堆積したモレーンです。このモレーンが、気候が温暖になり、氷河が後退して海水準が上昇したことにより、沈水してできました。モレーンは、氷河の前面に何列も形成されるため、横方向に並んでいます。そこが沈水したので、まるで洗濯板のような、独特な島の地形が見られます（図16-3参照）。

ハイ・コースト（スウェーデン側）の群島

図 16-3 多島海の形成

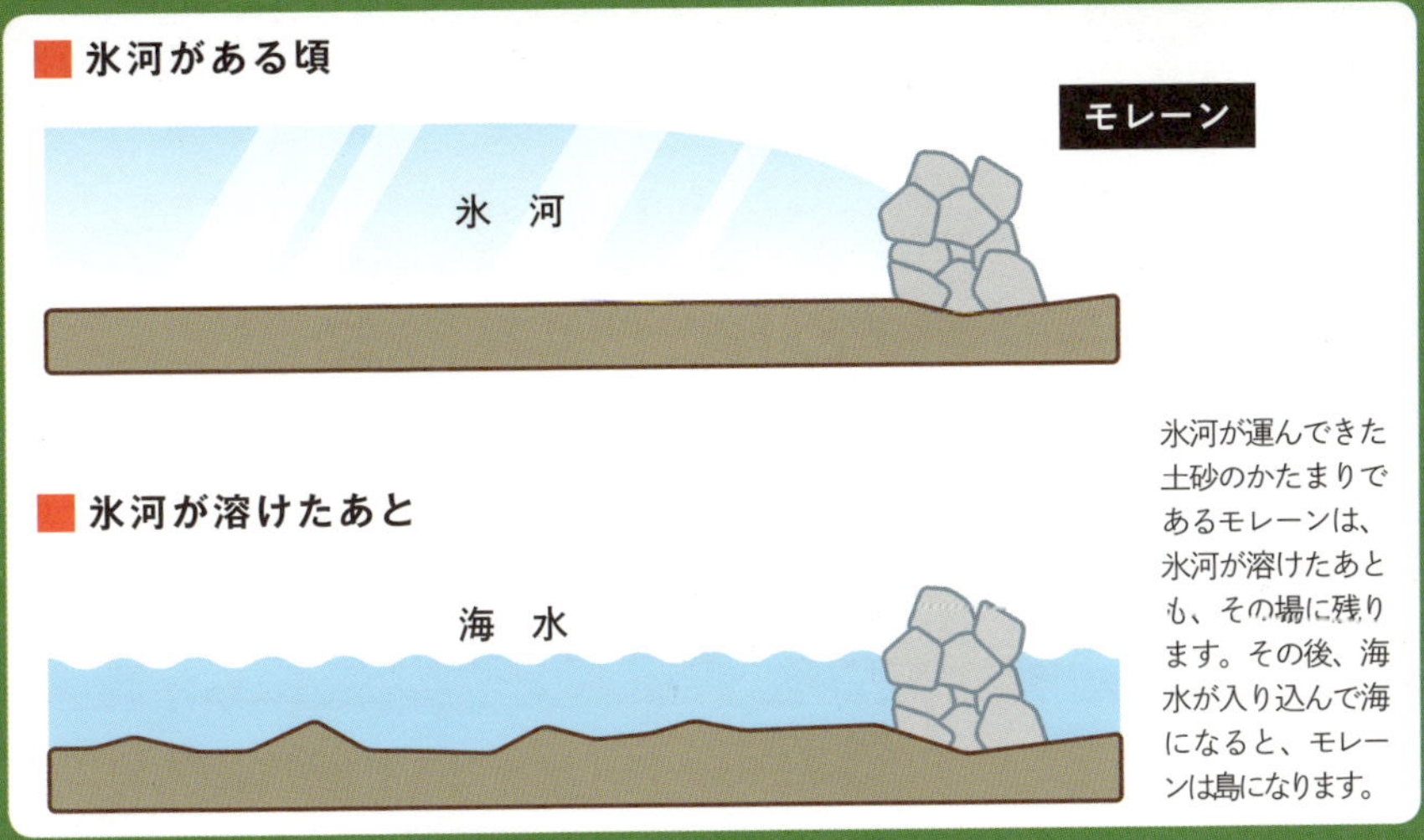
■ 氷河がある頃
モレーン
氷 河
■ 氷河が溶けたあと
海 水
氷河が運んできた土砂のかたまりであるモレーンは、氷河が溶けたあとも、その場に残ります。その後、海水が入り込んで海になると、モレーンは島になります。

17

モシ・オ・トゥニャ／ヴィクトリアの滝

Mosi-oa-Tunya /Victoria Falls

ザンビア共和国、ジンバブエ共和国

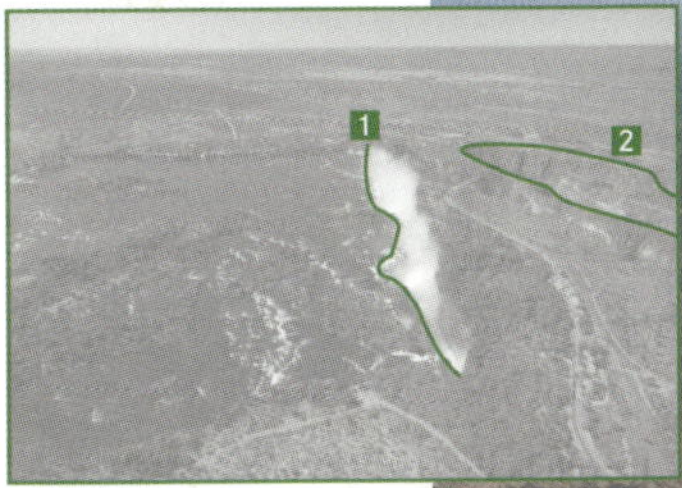

1 現在の滝の落水面は5番目のもの。滝の水は玄武岩の固い岩盤を削りながら、上流に向けて後退している
2 過去の落水面は、渓谷として痕をとどめている

Basic Information

座　　標	南緯17度55分28.308秒／東経25度51分19.404秒
登 録 年	1989年
評価基準	(vii) (viii)
面　　積	6,860ha

ヴィクトリアの滝は、19世紀にイギリスの探検家、リヴィングストンに発見されました。「モシ・オ・トゥニャ」とは、ザンビアの言葉で"轟音をたてる水煙"を意味します。その水煙が大地を潤すため、周辺には熱帯雨林が形成されています。

固い玄武岩を削る「滝の化石」

アフリカ大地溝帯と大瀑布の形成

ヴィクトリアの滝は、アフリカ南部のジンバブエ共和国とザンビア共和国の国境にあり、アフリカ大陸で4番目に長いザンベジ川の中流域にあります。

ヴィクトリアの滝の幅は1700メートル以上、落差は110〜150メートルもあります。雨期には毎分5億リットルに達する水が落下し、30㎞離れた場所からも、落下した水が霧になり立ち上るのが見えます。そのため、現地の人々は、この滝のことを「モシ・オ・トゥニャ（轟音をたてる水煙）」と呼んでいました。

南部アフリカ一帯は、1億8000万年前に大規模な火山活動があって膨大な量の溶岩が噴出し、それが固まった玄武岩が広く分布しました。

その後、1000万〜500万年前に、アフリカプレートとアラビアプレートが離れていくことによってアフリカ大地溝帯が形成されます。大地溝帯の中央部には巨大な谷が、周囲には高い山や火山があるのが特徴です。

ザンベジ川は、約250万年前、アフリカ大地溝帯の隆起によって流れを変え、広大な玄武岩でできた台地を流れるようになりました。

この地域の玄武岩は、溶岩が地表で固まるとき、節理と呼ばれる垂直の割れ目をたくさんつくりました。この節理の部分に沿って滝ができています。

ヴィクトリアの滝が移動する仕組み

ザンベジ川は、ヴィクトリアの滝までは1700メートル以上の川幅ですが、滝を落下してからは、80〜100メートル幅で流れています。

そして、その流れは、第2渓谷、第3渓谷、第4渓谷と、ジグザグを描いて流れていきます（図17-1参照）。

図 17-1　滝の形成過程

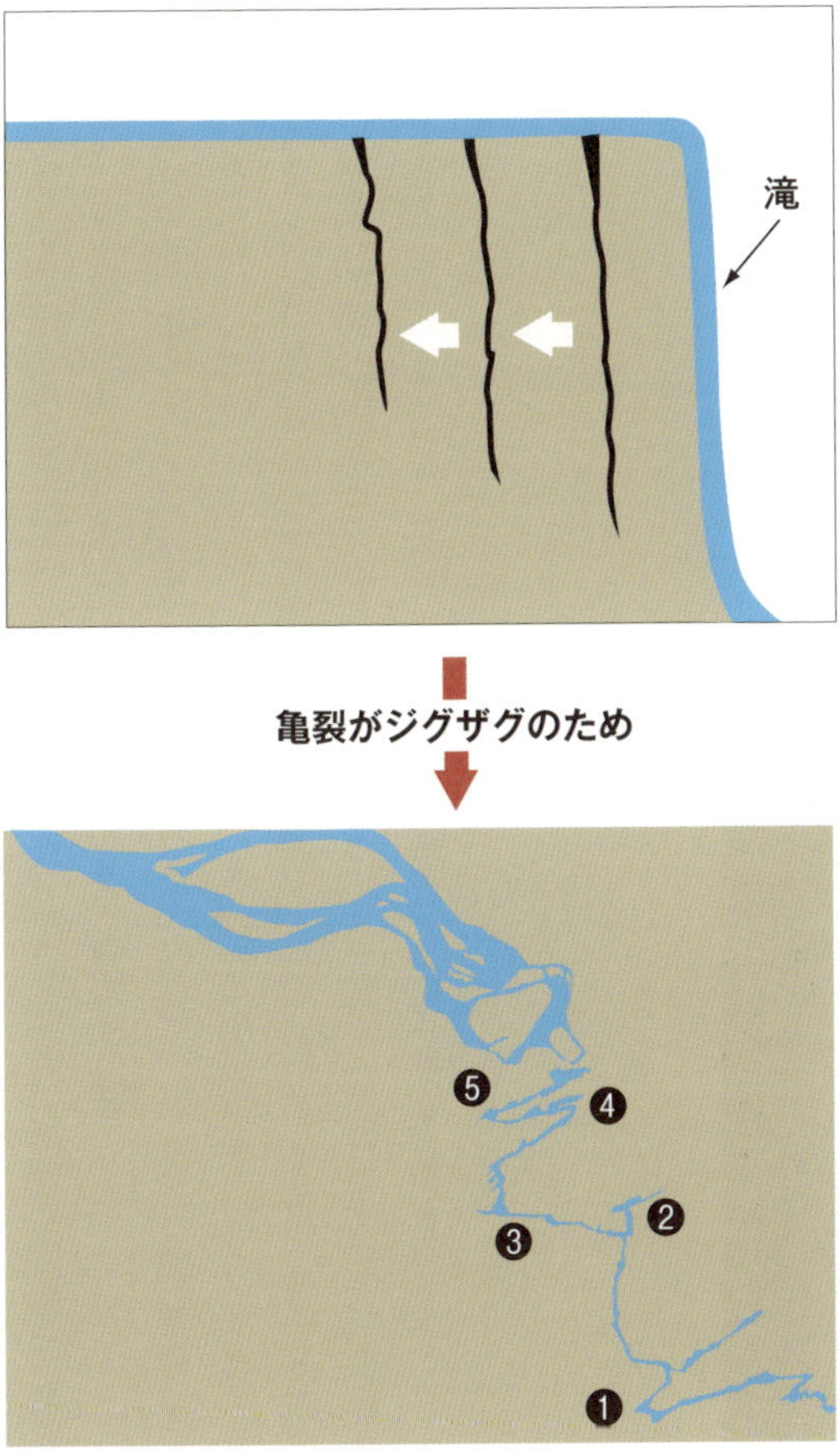

滝際から川に沿って徐々に、玄武岩のもろくなった部分に亀裂ができます。その亀裂がだんだん広がり、新しい滝が形成されていきます。

滝が上流に移動していくときには、ジグザグの亀裂に添って進んでいきます。左の図は、上空から見たザンベジ川の流路をイラストにしたものです。現在のヴィクトリアの滝は、最初の滝から数えて、5番目の位置（❺）にあります。

このそれぞれの渓谷は、かつての滝の跡、つまり「滝の化石」と言えます。

現在のヴィクトリアの滝になる前は、第2渓谷がヴィクトリアの滝の位置でした。その前は第3渓谷、さらにその前は第4渓谷という具合です。第4渓谷の時代は、約1万年前と推定されています。

ザンベジ川にもともとある玄武岩の割れ目に沿って流れ、侵食が進みます。侵食が進むと谷が深くなり、応力解放が進み、割れ目に沿った谷が拡大します。そのため、より深い谷になっていきます。

大地溝帯にある その他の世界遺産

アフリカには、大地溝帯に沿ってできた火山や火山湖が点在しており（図17-2参照）、ヴィクトリアの滝のほかにも、世界自然遺産に登録されている地形がいくつかありますので、見てみましょう。

①トゥルカナ湖国立公園群

ケニア北部にあるトゥルカナ湖の3つの国立公園の総称。トゥルカナ湖は、大地溝帯の湖のうち最も北に位置します。数百万年前の人類の祖先の化石や石器が発掘されています。

②大地溝帯にあるケニアの湖沼群

ケニアのリフトバレー州にあるエルメンテイタ湖、ナクル湖、ボゴリア湖。鳥類の多様性は世界有数です。

③マラウイ湖国立公園

マラウイ湖は、アフリカ大陸南東部にあるマラウイ共和国の4分の1を占めます。アフリカで3番目に大きな淡水湖で、水深は約700m。透明度が高く、温度が一年を通じて一定で、「湖のガラパゴス」と異名があるほど、固有種の多さと多様さがあります。

無数の湖があるトゥルカナ湖国立公園群

図 17-2　アフリカ大地溝帯にある火山

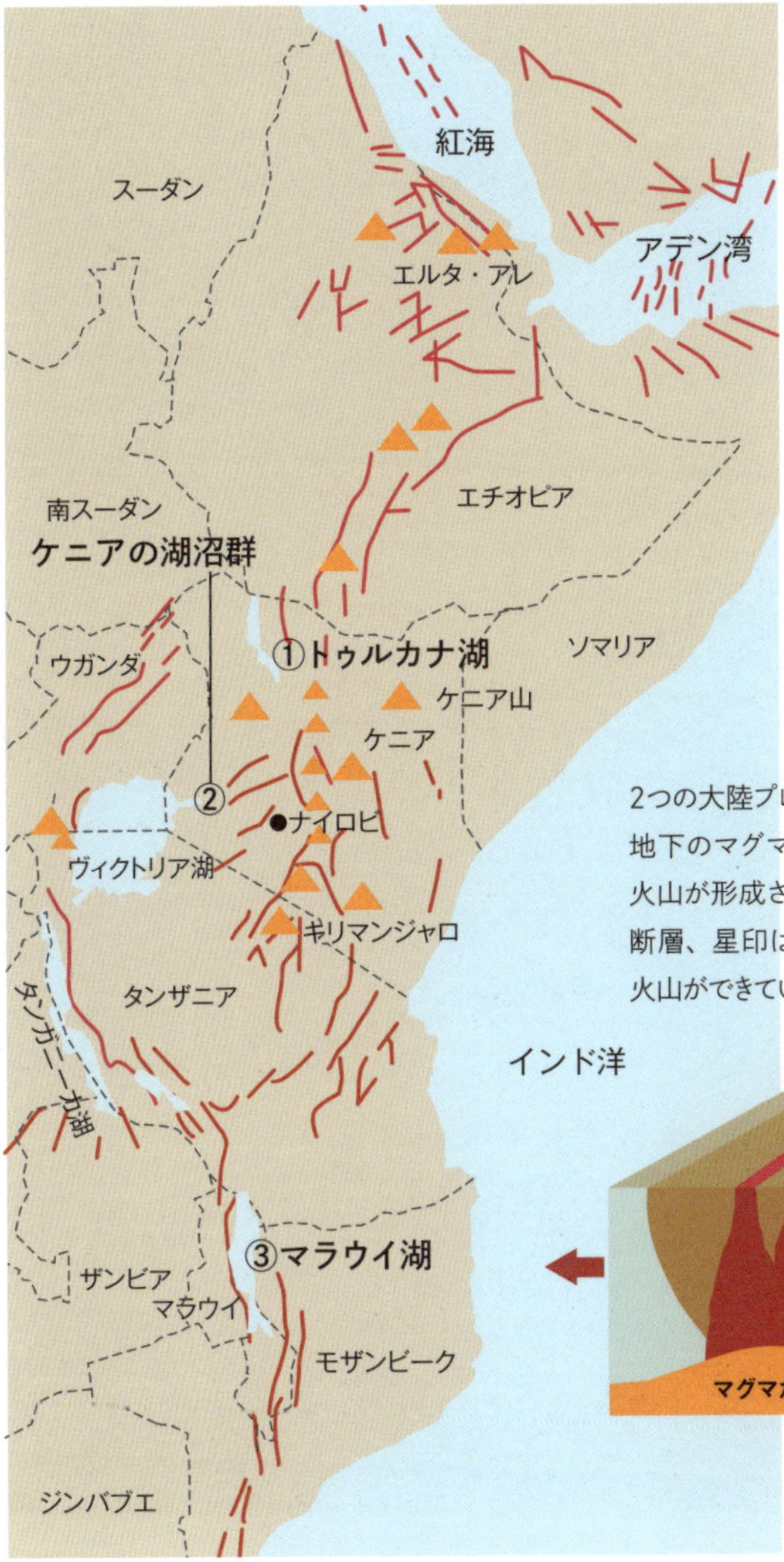

2つの大陸プレートが離れてできる断層には、地下のマグマだまりからマグマが噴出して、火山が形成されます。左の地図の赤い線は断層、星印は火山です。断層に沿うように火山ができていることがわかります。

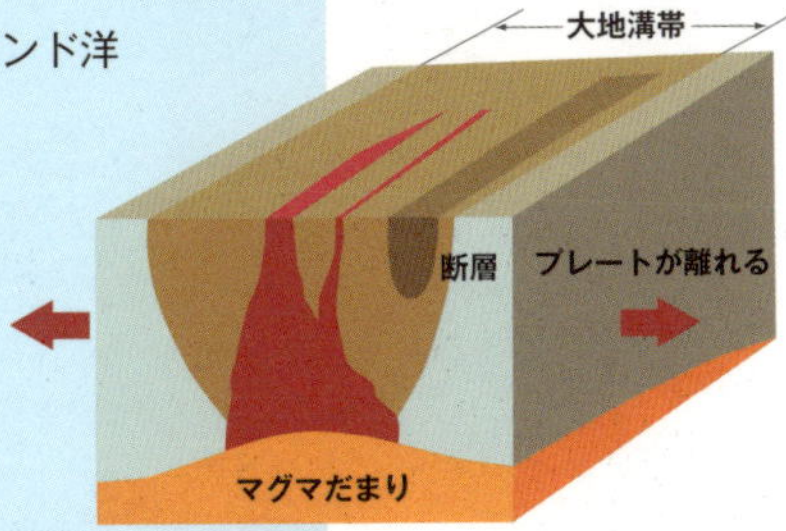

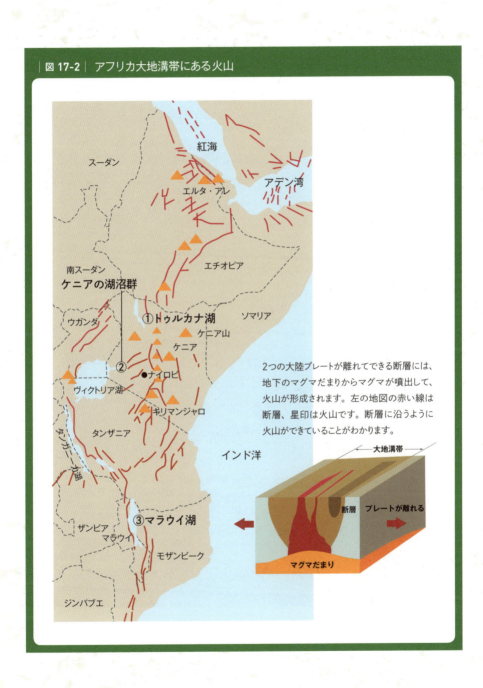

18

スイスのサルドーナ地殻変動地帯

Swiss Tectonic Arena Sardona

スイス連邦

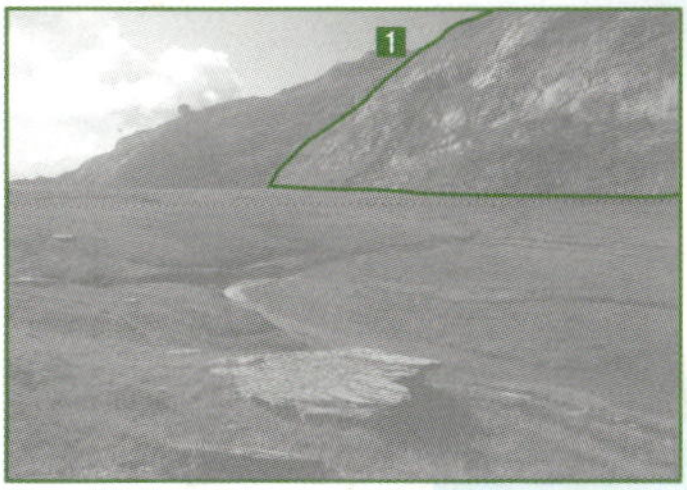

1 断層がはっきり見える山肌。地層のうねりを見ると、アルプス造山運動の様子が想像できる

Basic Information

座　標	北緯46度55分0秒／東経9度15分0秒
登録年	2008年
評価基準	(viii)
面　積	32,850ha

3000メートル級の山がそびえる、アルプス山脈のサルドーナ地方には、新しい断層の上に古い断層が重なる「押しかぶせ断層」が見られます。これが比較的観察しやすい条件にあるため、多くの地質学者の研究対象となり、プレートテクトニクス研究の発展に寄与しました。

プレート衝突の痕跡

パンゲア大陸の分裂と アルプス山脈の誕生

サルドーナの地殻変動地帯は、スイス北東部、グラウビュンデン州、ザンクト・ガレン州、グラールス州の3州にまたがる広大なエリアです。プレートテクトニクス理論を裏付ける上で大きな意味を持つ地形と認められ、世界遺産に登録されました。

登録基準は（viii）のみですので、純粋に「地球の歴史の主要な段階を代表する顕著な見本」として登録された、珍しい例といえます。

プレートテクトニクス理論とは、地球は十数枚の岩板（プレート）で構成されており、そのプレートの動きによりさまざまな地形や地質が形成されてきたという考え方です（P23参照）。

4000万年前にインド亜大陸はユーラシア大陸に併合。このときにチベット高原やヒマラヤ山脈が誕生しました。同じ頃、アフリカ大陸は北上し、ユーラシア大陸に衝突して、巨大な山脈を生み出しました。これがアルプス山脈です。これを生み出したプレートの動きを「アルプス造山運動」とよんでいます。

地層の逆転が見られる 押しかぶせ断層

サルドーナ地殻変動地帯では、アルプス造山運動の過程で発生した「押しかぶせ断層」（Overthrust）という構造を見ることができます。

通常、地層は古い時代のものから積み重なりますので、古い地層が下に、新しい地層が上になって現れます。ところが、サルドーナ地殻変動地帯のグラールス断層では、古い地層が新しい地層の上に重なっているのです。どうしてこのような現象が起きたのでしょうか？

アルプス造山運動のような大陸プレート同士の衝突では、一方のプレートがもう一方のプレートの下にもぐり

図 18-1　押しかぶせ断層の形成

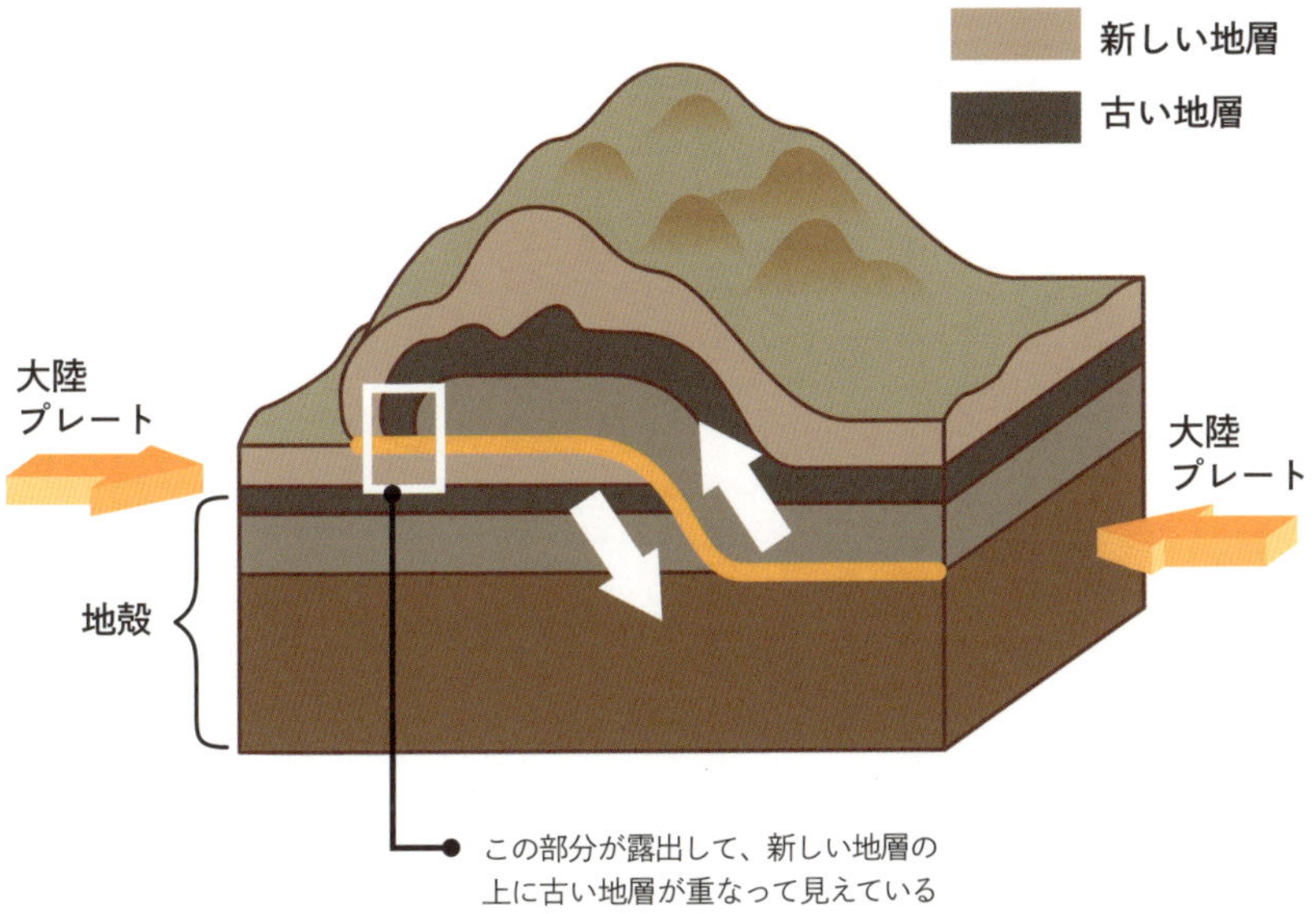

左の写真は、サルドーナ地殻変動地帯にあるグラールス断層です。上部が3億年前、下が5000万年前の地層と、重なりが逆転して見える、押しかぶせ断層の典型的な例です。

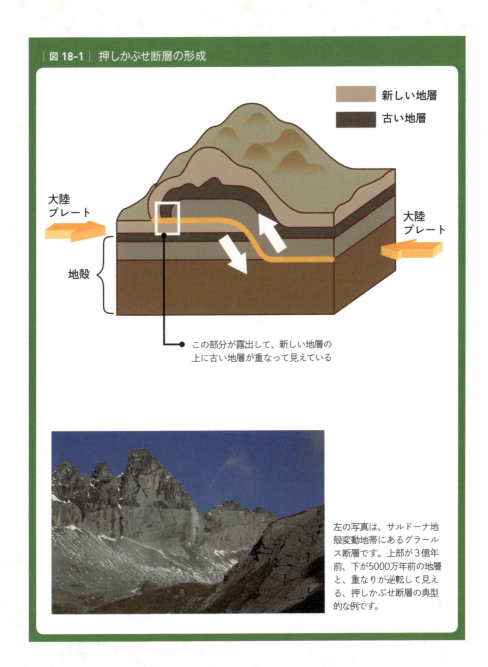

込むということはなく、山をつくり出します。もぐり込まないため、一方のプレートがもう一方のプレートにのり上げてしまいます。ここでは、古い地層の現れているプレートが新しい地層の現れているプレートの上にのり上げたため、地層の年代が逆転するということが起こります（図18－1参照）。

地球上に存在する主なプレート

プレートには、「大陸プレート」と「海洋プレート」があります。地球上には、大規模なプレートが十数枚あると考えられています。大陸プレート同士の衝突では山脈が生まれ、大陸プレートの下に海洋プレートが沈み込むときには、火山帯が形成されます（P116参照）。

　このうち、日本に関係するプレートは太平洋プレート、ユーラシアプレート、北アメリカプレート、フィリピン海プレートの4つです（図18－2参照）。

図 18-2　日本列島周辺のプレート

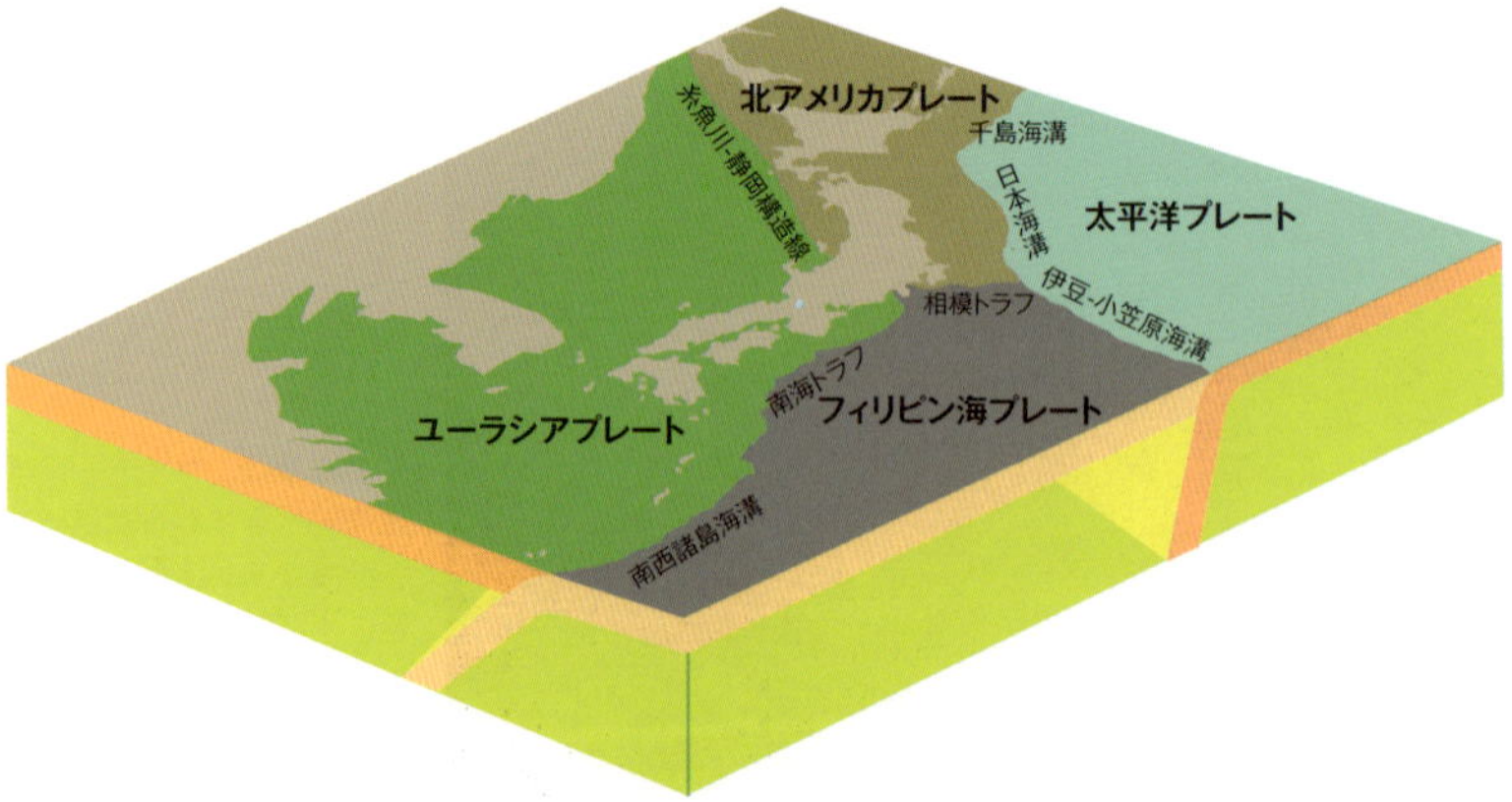

図 18-3　世界の主なプレート

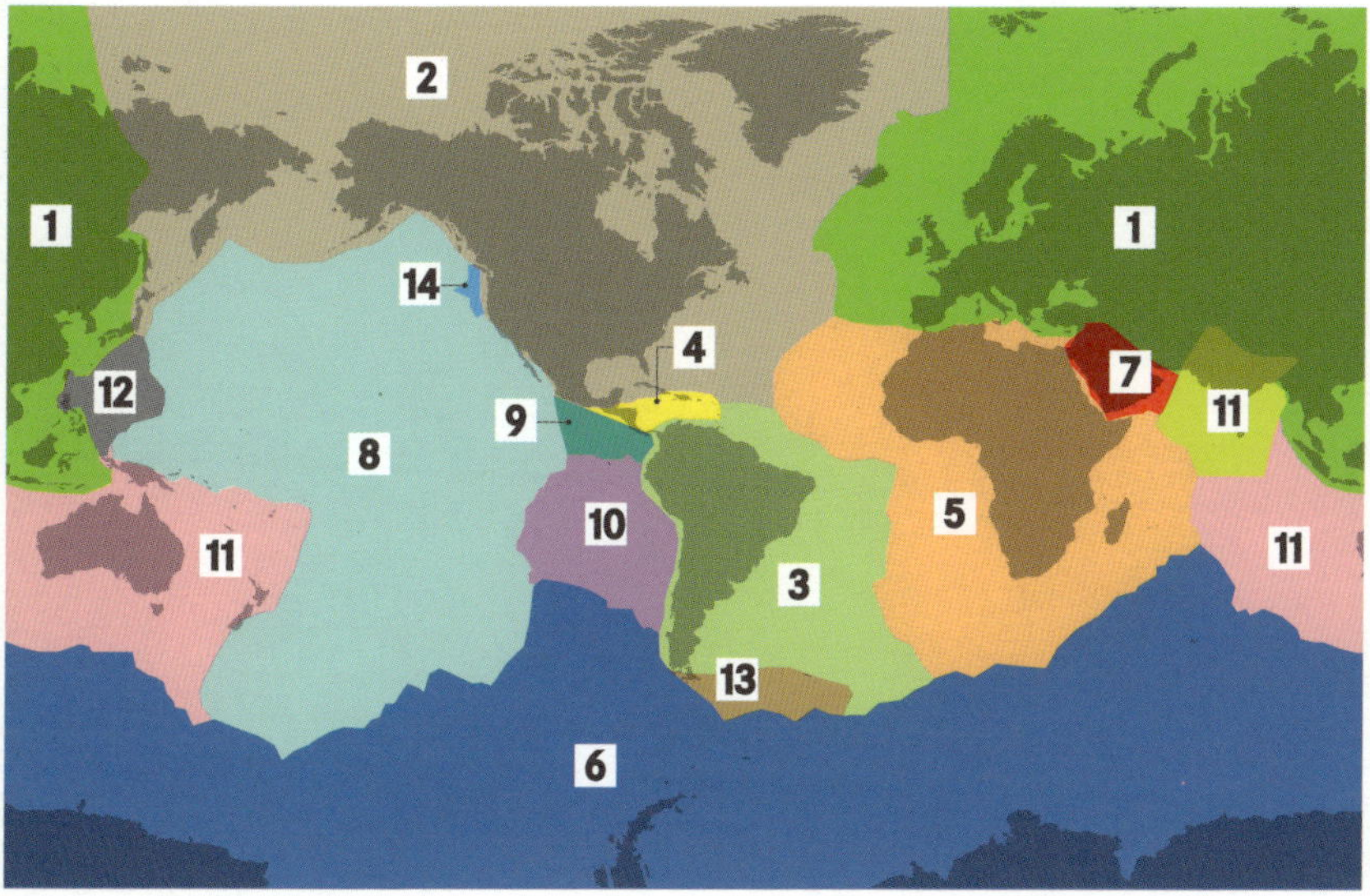

大陸プレート

1 ユーラシアプレート
2 北アメリカプレート
3 南アメリカプレート
4 カリブプレート
5 アフリカプレート
6 南極プレート
7 アラビアプレート

海洋プレート

8 太平洋プレート
9 ココスプレート
10 ナスカプレート
11 インド・オーストラリアプレート
12 フィリピン海プレート
13 スコシアプレート
14 ファンデフカプレート

19

フレーザー島

Fraser Island

オーストラリア

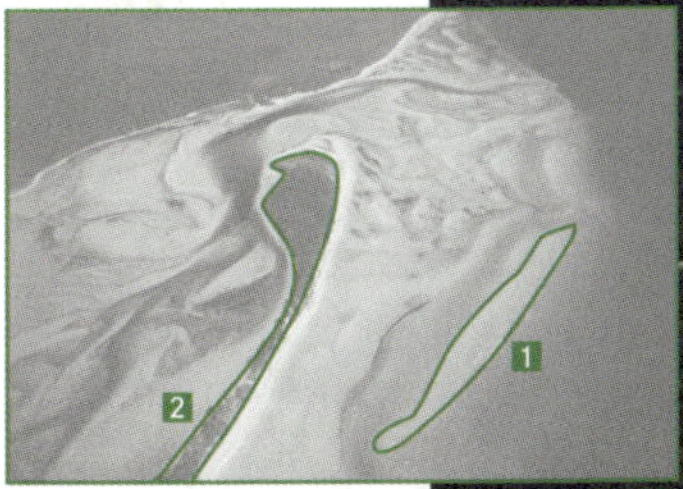

1 砂《さ》嘴《し》が陸地から分離してできたバリアー島が、いくつか連なる
2 砂地には植物も生育。ほかにもさまざまな海岸地形を見ることができる

Basic Information

座　標	南緯25度13分0秒／東経153度7分60秒
登録年	1992年
評価基準	(vii) (viii) (ix)
面　積	184,000ha

オーストラリアの東海岸のほぼ中央に位置する、世界最大の砂の島です。海鳥の住処であるのはもちろん、絶滅が危惧される固有の両生類も生息しており、独自の生態系が研究対象になっています。

淡水湖が点在する世界最大の砂の島

たくさんの淡水湖がどのようにできたのか

オーストラリア東海岸中央、クイーンズランド州にあるフレーザー島は、南北約120㎞、東西約25㎞、面積約18万4000ヘクタールの大きさで、砂でできた島としては世界最大です。

島の大部分が熱帯雨林に覆われ、野犬の一種ディンゴやワラビー、絶滅危惧種のキジインコを始め350種以上の野鳥など、多くの野生動物が住んでいます。この貴重な自然環境から、1992年に世界自然遺産に登録されました。

フレーザー島とオーストラリア大陸の間のグレートサンディー海峡は、多くの野鳥が訪れ、ラムサール条約の登録湿地です。

フレーザー島は、オーストラリア大陸東部のグレート・ディヴァイディング山脈から流れ出た砂が海まで運

図 19-1　フレーザー島の淡水湖

淡水湖が点在するフレーザー島。写真はワビー湖。

ばれ、堆積してできました。
フレーザー島では、砂丘の形成が今も続いています。南東からの強い風により砂丘は年間約1mの速さで活動しています。

フレーザー島は砂でできた島なのですが、40を超える淡水湖があり、多くの小川（クリーク）が流れています（図19-1参照）。これは、島を形成している大量の砂がスポンジの役割をし、雨水が砂に浸透して、地下にレンズ状の淡水層をつくっているためです（図19-3参照）。地下に十分な水があるため、島ではたくさんのわき水を見ることができ、島の豊かな熱帯雨林が形成されています。

フレーザー島の湖は、そのでき方から3つのタイプに分けられています。

①パーチド・レイク

地下水よりも高い位置にある湖のことをいいます。純白の砂（シリカサンド）とコバルトブルーの水をたたえた美しい湖は、砂丘と砂丘の間のくぼみの水はけの悪い層（コーヒーロック）に雨水がたまってできます。マッケンジー湖は世界有数の透明度を誇り、ブーマンジン湖は世界最大のパーチド・レイクです（図19-2参照）。

②バラージ・レイク

せき止め湖のことをいいます。小川が砂の動きによりせ

図 19-2　パーチド・レイクのマッケンジー湖

パーチド・レイクの中でも、世界有数の透明度を誇るマッケンジー湖。

き止められてできます。砂は湖を埋め続け、長い年月をかけて湖は砂の中に消えていきます。

③ウインドウ・レイク

風雨により削られたくぼみが、地下水面よりも低くなることでできます。地下水の量が変わると、それにともなって湖の水面も上下します。

バリアー島ができる条件

バリアー島とは、フレーザー島のように海岸の海側に岸と平行にできる細長い島のことです。陸を海から守るように見えることから、バリアーという名前がつきました。

通常、バリアー島の海側には砂浜ができます。バリアー島と陸地の間にはラグーン（潟湖《せきこ》）とよばれる海があり、ラグーンと外洋をつなぐ部分を潮流口とよびます。長い年月が経つと、この潮流口はふさがって、ラグーンが塩沼となることがあります（図19‐4参照）。

バリアー島は、海底の勾配が緩やかな場所で、砂が豊富にあると形成されやすくなります。また、その形成には気候変動にともなう海水準変動が影響することもあります。

図 19-3　バリアー島の淡水湖の構造

バリアー島を構成する砂には海水が浸透していますが、海水よりも淡水のほうが軽いため、雨水が地中に溜まって淡水の湖ができます。これが表面に現れたものが淡水湖です。

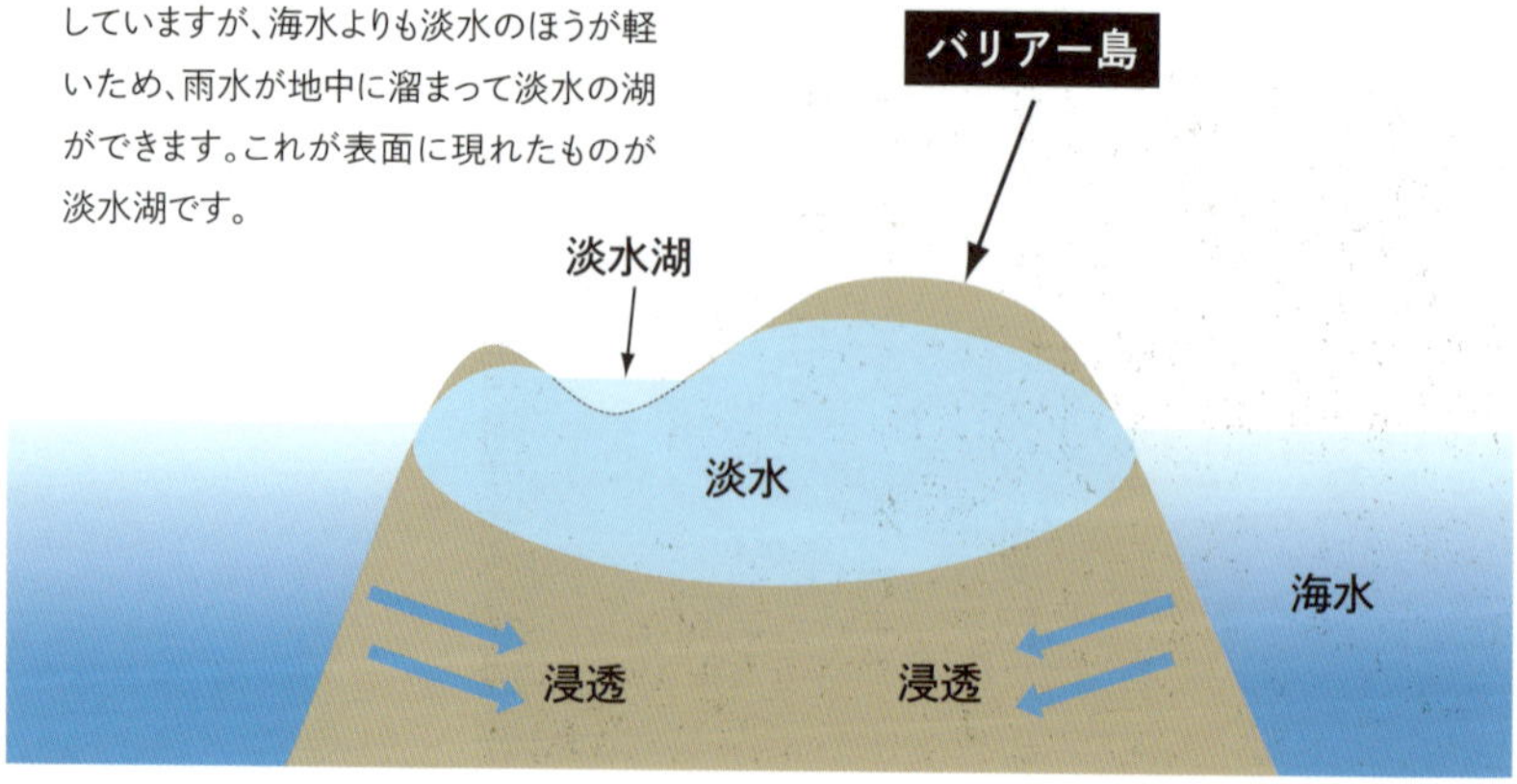

図 19-4 | 海岸の堆積地形

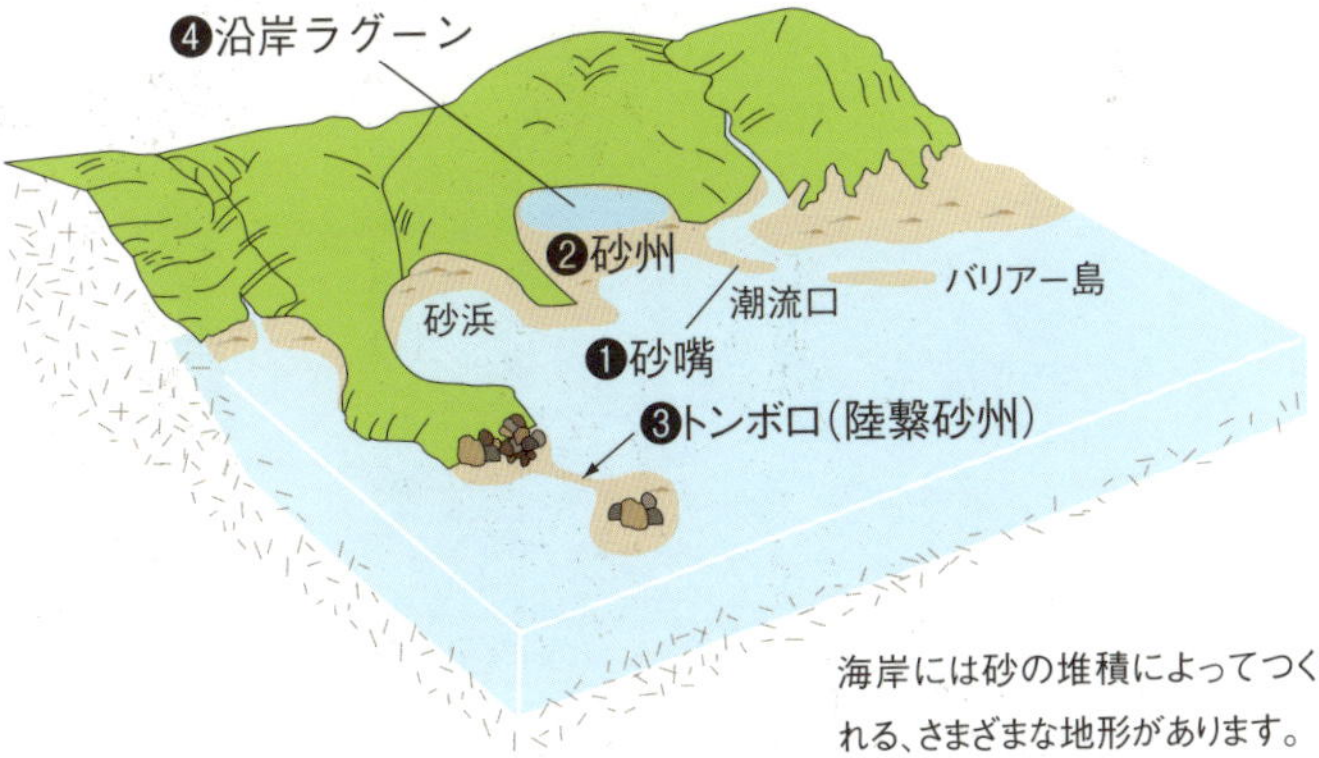

海岸には砂の堆積によってつくられる、さまざまな地形があります。

❶砂嘴《さし》

波や沿岸流で運ばれた砂や礫が海に向かって突き出てできた、嘴《くちばし》形の地形。

砂嘴の例。千葉県・富津岬の航空写真

❸トンボロ(陸繋《りくけい》砂州)

海で隔てられた陸地と島が、干潮のときに砂州で繋がる地形。

神奈川県の江の島はトンボロの一つ

❷砂州《さす》

波や沿岸流で運ばれた砂や礫が海に向かって突き出て、湾や入り江をほとんどふさいでしまう地形。

❹沿岸ラグーン

陸地と砂州で囲まれ、外海と隔てられた浅い湖沼。

20

バイカル湖

Lake Baikal

ロシア連邦

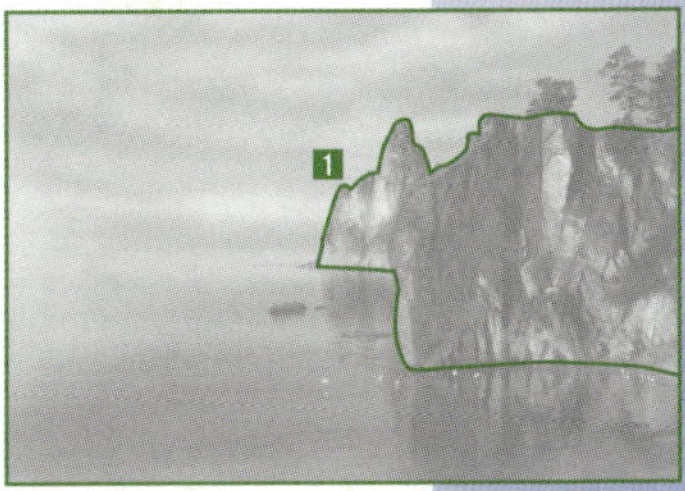

1 切り立った断崖に囲まれた深い峡谷に水が溜まってできたバイカル湖

Basic Information

座　標	北緯53度10分25秒／東経107度39分45秒
登録年	1996年
評価基準	(vii) (viii) (ix) (x)
面　積	8,800,000ha

シベリア南東部にある世界最古・最深の湖で、透明度もトップクラスです。1500種以上生息する水生生物のうち約70％が固有種であることが、この湖の特異性を物語っています。特に、世界で唯一の淡水に棲むアザラシ、バイカルアザラシやサケ科のオームリが有名です。

世界最古・最深の湖

プレートの動きでできた断層が湖に

ロシア南東部にあるバイカル湖は、三日月の形をした巨大な淡水湖です。世界で最も古く、最も深く、最も水量が多い湖で、透明度も41mで世界一といっても過言ではありません。

標高456mと高所にあり、最大水深は1741メートル、長さは南北に639km、東西に80kmで面積は4万6000km^2。琵琶湖の46倍にも及びます。体積は2・3億km^3もあり、世界中の淡水の17~20%に相当します。

バイカル湖の周辺は、ほとんど断崖で囲まれていて、古くからほとんど人間が近寄れない環境にあり、先住民からは聖なる湖として神聖視され保護されてきました。

世界最古の湖、バイカル湖ができたのは、2500万年前と考えられています。ここは、ユーラシアプレートとアムールプレートの境目にあり、プレートの動きによってできた巨大な断層に位置します（図20-1参照）。この断層はインドプレートが南から北上し、ユーラシアプレートにぶつかったときにできたといわれています。

バイカル湖では沈降が起き、ヒマラヤ山脈では隆起が起きました。かつては9000mも深さがありましたが、現在では1741mにまで浅くなりました。それでも世界一の深さです。

この、バイカル湖湖底の4000~6000mに及ぶ堆積層は、2500万年間の歴史を記録しています（図20-2参照）。長期にわたる連続した生物の変遷、気候・環境変動などは、古陸水学、古生物学、古気象・地球環境変動など多くの研究成果が期待されています。

生態的にも貴重な場所で、バイカルアザラシやチョウザメ、淡水ヨコエビなどの固有種が1000種類以上生息しています。

バイカル湖は透明度が高く不純物も少ない水質で、しかも発光生物も生息しないため、宇宙線ニュートリノが水を光らせる状態の観測が行われています。

図 20-1　バイカル湖周辺の断層

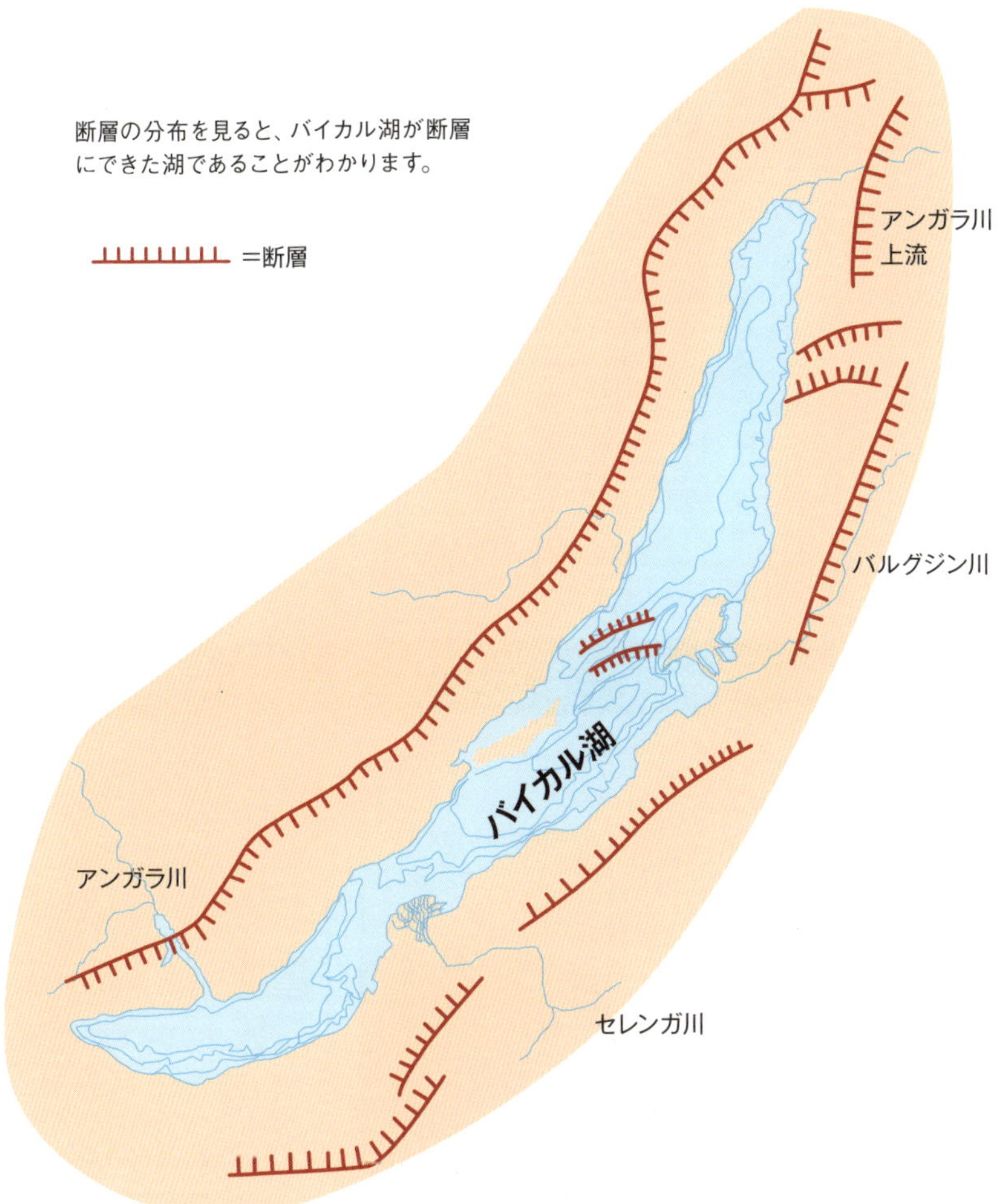

さらに、1997年には、淡水湖としては初めて、バイカル湖の湖底の堆積物からメタンハイドレートが発見されました。

世界一の深さを維持している秘密

バイカル湖には330本あまりの河川から水が流れ込み、その水量は、年間約700億トンにも及びます。流れ出る川はアンガラ川1本だけです。水と同時に大量の土砂も流れ込みます。

一般的な湖では、流入して堆積する土砂により埋められてしまうので、いくら深くても2500万年も湖を維持できません。そんな状況でも世界一の水深が維持されているのには、理由があります。バイカル湖の周辺はプレートの境目にあるため地殻変動が活発で、年間数万回もの地震が起きています。バイカル湖自体が毎年、深さが8～10㎝沈降し続けています。そのため、埋まらずに湖の姿を維持できています。

図 20-2 | バイカル湖の断面図

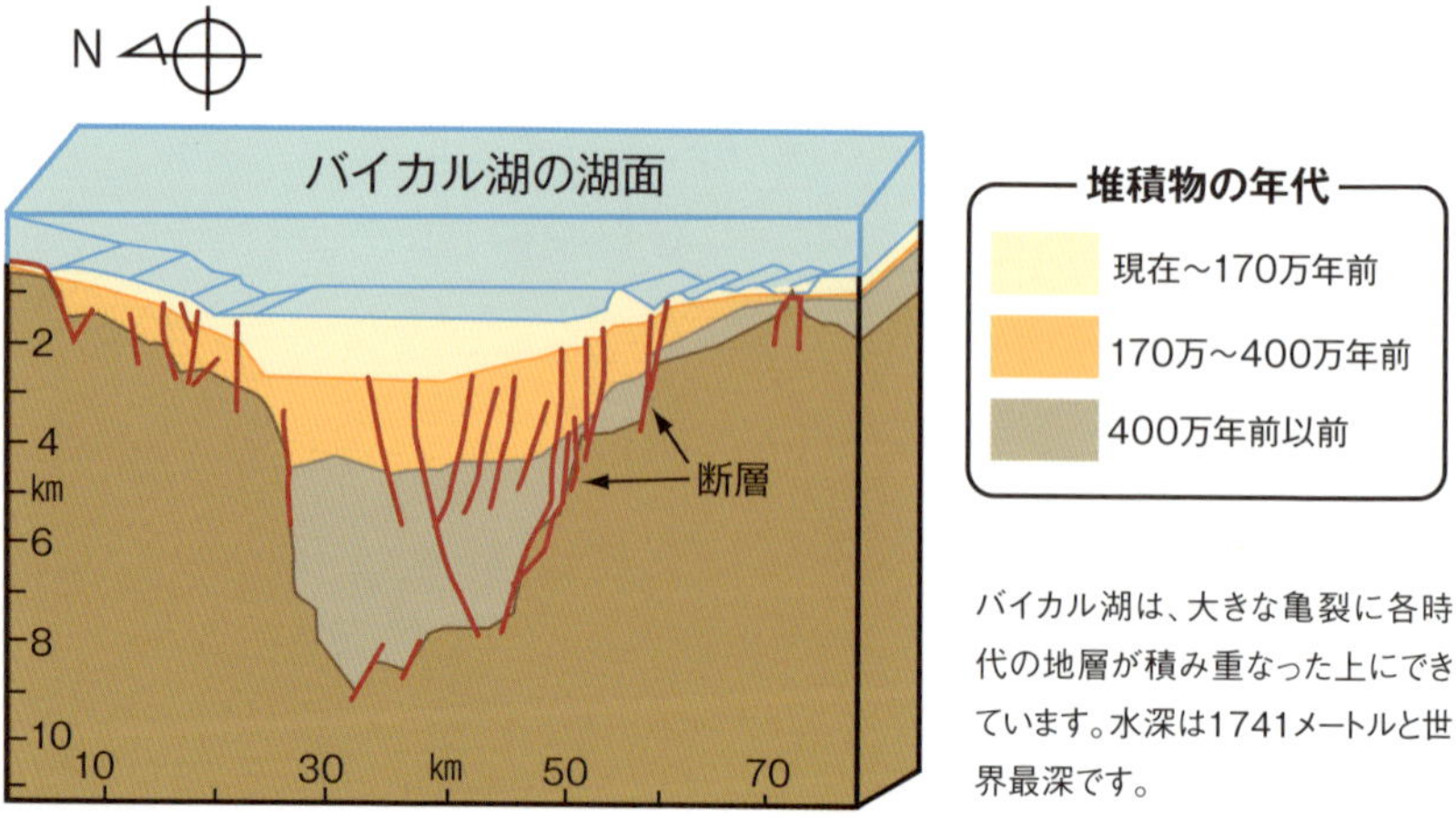
N
バイカル湖の湖面
2
4
km
6
8
10
10
30
km
50
70
断層
堆積物の年代
現在～170万年前
170万～400万年前
400万年前以前

バイカル湖は、大きな亀裂に各時代の地層が積み重なった上にできています。水深は1741メートルと世界最深です。

深い湖ベスト５は すべて古代湖

湖の水深を比べてみると、バイカル湖が断トツの１位です。次がアフリカのタンザニアにあるタンガニーカ湖で、最大水深は１４７１メートルです。水量もバイカル湖に次いで２位です。

３位が中央アジアと東ヨーロッパの間にあるカスピ海で、最大水深は１０２５メートルです。日本の国土の面積とほぼ同じぐらいの面積です。

４位はアフリカ東南部にあるマラウイ湖で、最大水深７０６ｍです。

５位はキルギスにあるイシク・クル湖で、最大水深６６８メートルです。塩湖で塩分濃度は低いのですが、１６０８メートルの高地にあるのに、冬でも湖面は凍らないという謎がある湖です。この湖には、流れ込む川はありますが、流出する川はありません。

これらの湖のできた年代を比べると、バイカル湖が２５００万年前、タンガニーカ湖が２０００万年前、カスピ海が５５０万年前、マラウイ湖が２００万年前、イシク・クル湖が７００万年以上前で、すべて古代湖です（図２０-３参照）。

図 20-3　世界の主な古代湖

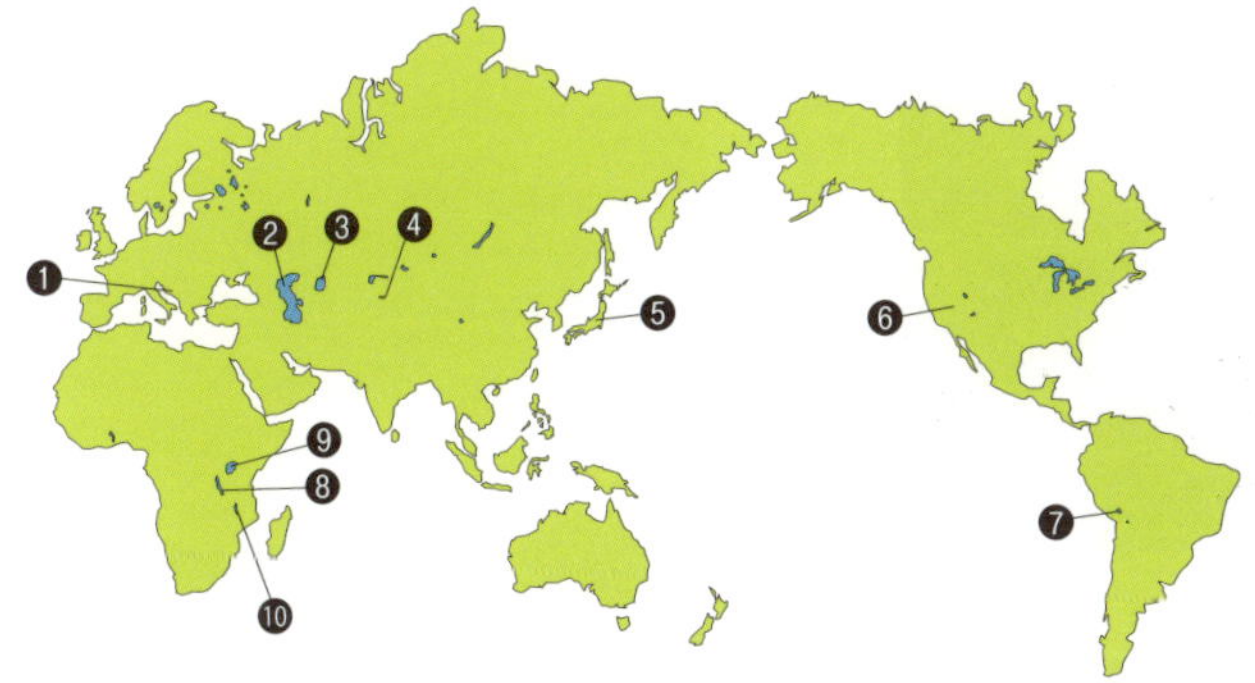
❶オフリド湖
❷カスピ海
❸アラル海
❹イシク・クル湖
❺琵琶湖
❻タホ湖
❼チチカカ湖
❽タンガニーカ湖
❾ヴィクトリア湖
❿マラウイ湖

Column 6

魅惑の湖沼群、圧巻の氷河

世界自然遺産の中には、グランド・キャニオン国立公園(P.42)やウルル-カタ・ジュタ国立公園(P.36)のように、世界中から観光客が集まる第一級の絶景スポットがたくさんあります。ここでは、話題の観光地でありながら、本編では紹介しきれなかった遺産を、まとめて紹介します。

1つ目は、クロアチアの「プリトヴィッチェ湖群国立公園」です。数え切れない湖沼の数々に、エメラルドグリーンの湖水が美しく映える光景は、桃源郷のようです。同じように、石灰岩と水が形作る芸術作品が堪能できるのは、トルコの「ヒエラポリス-パムッカレ」、中国の「九寨溝の渓谷の景観と歴史地域」がありますが、これらは評価基準(vii)などで登録されています。

2つ目は、アルゼンチンのパタゴニア地方にある、「ロス・グラシアレス国立公園」の巨大氷河です。地球温暖化により、氷河が溶けるスピードは年々増していると言われています。

そのほか、「西ノルウェーのフィヨルド群-ガイランゲルフィヨルドとネーロイフィヨルド」や「テ・ワヒポウナム-南西ニュージーランド」のフィヨルド群も、迫力ある大自然を感じることができる絶景スポットとして人気です。

座標：北緯44度52分40秒／東経15度36分51秒
登録年：1979年、2000年範囲拡大
評価基準：(vii)(viii)(ix)
面積：29,482ha

湖水と緑のコントラストが美しい
「プリトヴィッチェ湖群国立公園」

「ロス・グラシアレス国立公園」の
ペリト・モレノ氷河

座標：南緯50度0分0秒／西経73度14分57.984秒
登録年：1981年
評価基準：(vii)(viii)
面積：726,927ha

第6章

日本で見る地球の歴史

日本の地形遺産8

Contents

価値のある地質、地形の保全の仕組み

守るべき「地球の記憶」を保護する取り組み

地球上には、さまざまな種類の地質や地形があります。これらは、46億年あるいはそれ以上の地球や宇宙の歴史の過程の中で生まれてきた「地球の記憶」といえます。私たちが現在、有史以前の地球の歴史を知ることができるのは、こうした地質や地形があるためです。地球科学の研究者はこうした地質や地形を調べ、地球の過去の姿を知り、それに基づいて地球の将来の姿を予測します。地球上で私たちが今後も暮らしていくためには、地球上で過去どのような変動があったのか、そして、それがどのような強さ、どのような頻度であったのかを知る必要があります。地質や地形は過去と未来を知る鍵になります。

地球上の価値ある地質や地形の多くは人間によって破壊されてきました。生活する上で平らで水平な土地の方が使いやすいので出っ張った場所は削り取られ、凹んだ場所は埋められました。平野の地層や地形をつくる川や海の働きは、洪水などが起こらないように堤防やダム、護岸などによってコントロールされています。かつて繁栄した生物の遺がいが集積してできた石炭や石油は燃料として採掘され、金属資源、鉱物資源も掘削されさまざまなものに利用されています。自然災害を防ぎ、地下資源を利用することによって私たちの生活は維持されていますが、それと同時に「地球の記憶」は失われていってしまっているのです。

自然災害を全く防がず、地下資源も全く利用しないという生活に、人類は戻れません。70億人が暮らす地球では、自然の仕組みを知り、効率よく自然をコントロールし利用していかなければなりません。そうするためには、今まで以上に地球のことをよく知る必要があり、知るための場所を適切に保全し、残していく必要があります。価値のある地質や地形を残していくためには、その「地球の記憶」としての価値を知る科学者と、そこに暮らす住民と行政と、そこで仕事をする企業とが協力していかなければなりません。そうした協働のなかで地質や地形の保護・保全活動が進められていくことになります。

価値のある地質や地形を保護・保全する制度や活動にはさまざまなものがあります。国内の法律で定められているものとしては、文化財保護法に基づく、天然記念物、名勝、登録記念物があります。また、自然公園法に基づく、国立公園や国定公園などの自然公園があります。民間の活動としては、その場所を購入して保護するナショナル・トラストという活動があります。国際的な取り組みとしては、世界遺産条約の世界自然遺産、ユネスコ世界ジオパーク、ラムサール条約の登録湿地などがあります。

日本における天然記念物は、学術的な価値が認められたものが指定されます。地質や地形を保護するのは、「地質鉱物」と「天然保護区域」というカテゴリーになります。文化財保護法にもとづいて、国が指定をしており、現在269ヵ所あります。国指定の天然記念物の中で特に価値の高いものは特別天然記念物に指定されています。現在指定されている「地質鉱物」と「天然保護区域」の特別天然記念物は、24件あります（表1参照）。

表1 地質鉱物、天然保護区域の特別天然記念物

地質鉱物

- 昭和新山（北海道）
- 夏油温泉の石灰華（岩手県）
- 焼走り熔岩流（岩手県）
- 根反の大珪化木（岩手県）
- 鬼首の雌釜および雄釜間歇温泉（宮城県）
- 玉川温泉の北投石（秋田県）
- 浅間山熔岩樹型（群馬県）
- 御岳の鏡岩（埼玉県）
- 魚津埋没林（富山県）
- 薬師岳の圏谷群（富山県）
- 岩間の噴泉塔群（石川県）
- 鳴沢熔岩樹型（山梨県）
- 白骨温泉の噴湯丘と球状石灰石（長野県）
- 根尾谷断層（岐阜県）
- 根尾谷の菊花石（岐阜県）
- 湧玉池（静岡県）
- 大根島の熔岩隧道（島根県）
- 秋芳洞（山口県）
- 秋吉台（山口県）
- 八釜の甌穴群（愛媛県）

天然保護区域

- 大雪山（北海道）
- 尾瀬（福島県、群馬県、新潟県）
- 黒部峡谷附猿飛ならびに奥鐘山（富山県）
- 上高地（長野県）

1990年頃から、価値のある地質や地形を保全し、その活用を図ろうとするジオパークの取り組みが始まり、2015年にはユネスコの正式事業となりました。世界の中で価値のある地質、地形があり、それを保全し活用する取り組みを行っている地域は、ユネスコ世界ジオパーク（UNESCO Global Geopark）となっています。2016年12月現在、世界には120ヵ所のユネスコ世界ジオパークがあり、そのうち8ヵ所は日本にあります。

ユネスコ世界ジオパークは、地質遺産の保全をはかり、それを教育やジオツーリズムに活用することにより地域の持続可能な発展を目指しています。その基準等に準拠し、日本の専門家委員会により認定された地域が日本のナショナルジオパークで、ユネスコ世界ジオパークの8地域を含め、2016年12月現在日本に43ヵ所あります。地域で、特徴的な地質の露頭や地形、大地の上に成り立つ生態系や文化を保全したうえで、ジオツーリズムと呼ばれる地形や地質の価値を損なわない仕組みで、その価値を理解する観光を推進し、地域の内外の人に教育をする活動をすすめています。日本にあるユネスコ世界ジオパークなどの中から、特徴的な場所を8ヵ所選び、紹介しています。

表2 日本のナショナルジオパーク

	ジオパークの名称	構成都道府県
01	アポイ岳★	北海道
02	とかち鹿追	北海道
03	三笠	北海道
04	洞爺湖有珠山★	北海道
05	白滝	北海道
06	下北	青森県
07	三陸	青森県、岩手県、宮城県
08	栗駒山麓	宮城県
09	ゆざわ	秋田県
10	男鹿半島・大潟	秋田県
11	鳥海山・飛島	秋田県、山形県
12	八峰白神	秋田県
13	磐梯山	福島県
14	茨城県北	茨城県
15	筑波山地域	茨城県
16	下仁田	群馬県
17	浅間山北麓	群馬県
18	秩父	埼玉県
19	銚子	千葉県
20	伊豆大島	東京都
21	箱根	神奈川県
22	佐渡	新潟県
23	糸魚川★	新潟県
24	苗場山麓	新潟県、長野県
25	立山黒部	富山県
26	白山手取川	石川県
27	恐竜渓谷ふくい勝山	福井県
28	南アルプス（中央構造線エリア）	山梨県、長野県、静岡県
29	伊豆半島	静岡県
30	山陰海岸★	京都府、兵庫県、鳥取県
31	南紀熊野	和歌山県
32	隠岐★	島根県
33	Mine秋吉台	山口県
34	四国西予	愛媛県
35	室戸★	高知県
36	島原半島★	長崎県
37	阿蘇★	熊本県
38	天草	熊本県
39	おおいた姫島	大分県
40	おおいた豊後大野	大分県豊後大野市
41	霧島	宮崎県、鹿児島県
42	桜島・錦江湾	鹿児島県
43	三島村・鬼界カルデラ	鹿児島県

★ユネスコ世界ジオパーク

日本の世界自然遺産とジオパーク

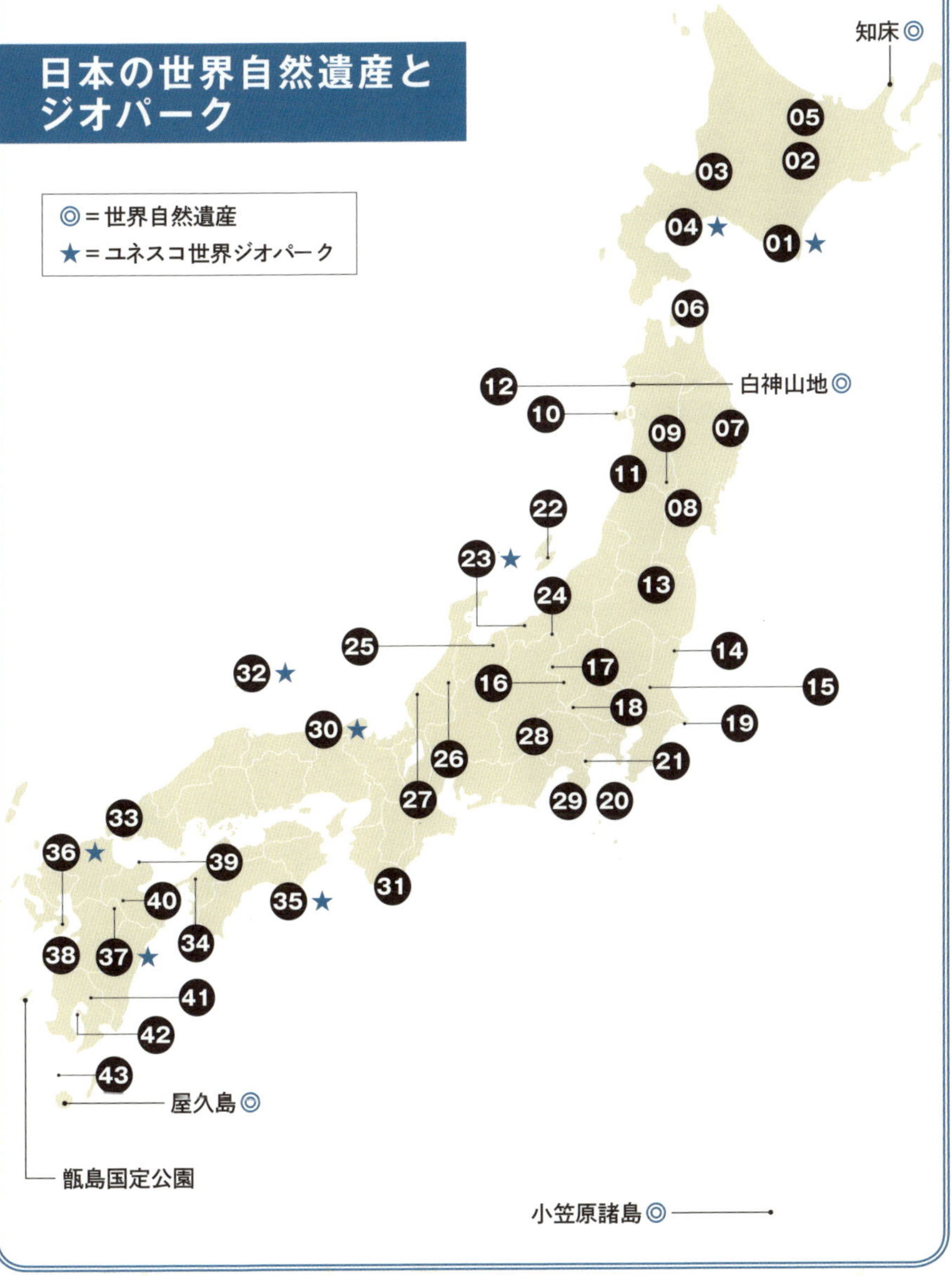

北海道

洞爺湖有珠山
ユネスコ世界ジオパーク

火山活動の痕跡

10万~13万年前に巨大噴火が起こり、巨大カルデラが作られ、湖となったのが洞爺湖です。洞爺湖のすぐ脇にある有珠山は、1・5万~2万年前から活動を開始した火山で、現在も数十年ごとに地殻変動を伴う火山活動を繰り返しています。2000年の噴火では火山活動の予兆がとらえられ、噴火前に地域住民の避難ができました。

有珠山の東側にできた昭和新山は、国の特別天然記念物に指定されている

●構成市区町村　北海道洞爺湖町、伊達市、壮瞥町、豊浦町

●おもな施設

道の駅 そうべつ情報館 i TEL：0142-66-2750
洞爺湖ビジターセンター TEL:0142-75-2555
三松正夫記念館(昭和新山資料館)
TEL:0142-75-2365

宮城

栗駒山麓
ジオパーク

斜面変動の痕跡

この地域では、過去の火山噴火によって飛んできた火山砕屑物が斜面を覆っています。それらは崩れやすい地層のため、過去何度も大きな地すべりを引き起こしてきました。2008年の岩手・宮城内陸地震のときには、山地斜面が広大な範囲で動き、それは、荒砥沢地すべりと名付けられました。

栗駒山麓ジオパーク推進協議会提供

地すべりの爪痕が残るこの場所では、崩れやすい日本の大地を実感できる

●構成市区町村　宮城県栗原市

●おもな施設

JRくりこま高原駅 ジオパークインフォメーションセンター TEL:0228-21-0020
細倉マインパーク
TEL:0228-55-3215

東京

小笠原諸島（世界自然遺産）

東洋のガラパゴス

小笠原諸島は、東京都心から1000km離れた島々です。太平洋プレートがフィリピン海プレートに沈み込む伊豆‐小笠原海溝に沿って並びます。今から4000万～5000万年前に活動した火山によってつくられた島々であり、ここには、ボニナイトとよばれる、特殊な安山岩が産出しています。

辻村千尋提供

小笠原南島は、「沈水カルスト地形」が見られる無人島。東京都の自然ガイドが同行しないと上陸できない

●構成市区町村　東京都小笠原村
●おもな施設
小笠原村観光協会 TEL:04998-2-2587
小笠原ビジターセンター TEL:04998-2-3001

新潟

糸魚川 ユネスコ世界ジオパーク

東日本と西日本の境界

ここは、本州の地質を東西に分ける大きな境界である糸魚川‐静岡構造線の北端に位置します。構造線の東側には日本海拡大期の割れ目であるフォッサマグナがあり、活火山が分布します。構造線の西側には日本の屋根と呼ばれる隆起山地の飛騨山脈が広がります。古くからヒスイが産出し、ヒスイ加工技術が発達しました。

ユーラシアプレートと北アメリカプレートの境界線の上に立つことができる

●構成市区町村　新潟県糸魚川市
●おもな施設
フォッサマグナミュージアム TEL:025-553-1880
糸魚川ジオステーション ジオパル
TEL:025-555-7344
道の駅 親不知ピアパーク TEL:025-561-7288

福井

恐竜渓谷ふくい勝山 ジオパーク

恐竜化石の大産地

ここでみられる手取層群は、北陸一帯に分布している中生代の地層です。この地層は大陸の一部で堆積したもので、海から河口、河川、湖の環境が残されていて、そこで暮らしていた多くの生物の化石が残されています。恐竜の化石が日本で最も数多く発掘された地層です。発掘された化石は福井県立恐竜博物館に展示されています。

大矢谷白山神社では、数万年前の岩屑なだれで運ばれてきた巨大な岩を見ることができる

●構成市区町村　福井県勝山市

●おもな施設

恐竜渓谷ふくい勝山ジオパーク TEL:0779-88-8126

かつやま恐竜の森管理棟（チャマゴンランド） TEL:0779-88-8777

福井県立恐竜博物館 TEL:0779-88-0001

兵庫など

山陰海岸 ユネスコ世界ジオパーク

多様な海岸の地形

ここには、日本海形成に関わる多様な火成岩類や地層が分布し、それらの地質から、日本列島が大陸の一部だった時代から２５００万年前の日本海形成の頃までの環境の変化過程を読み取ることができます。また、柱状節理の発達した玄武洞や、日本を代表する海岸砂丘の鳥取砂丘などの多様な地形も分布します。

鳥取砂丘では、飛砂量の減少のより、除草作業が行われている

●構成市区町村　兵庫県豊岡市、香美町、新温泉町、京都府京丹後市、鳥取県鳥取市、岩美町

●おもな施設

新温泉町山陰海岸ジオパーク館 TEL:0796-82-5222

山陰海岸ジオパーク海と大地の自然館 TEL:0857-73-1445

玄武洞ミュージアム TEL:0796-23-3821

山口

Mi《み》ne《ね》秋吉台ジオパーク

日本最大規模のカルスト地形

ここには、石灰岩が溶けることでつくられた、日本最大規模のカルスト台地が広がります。地下には、鍾乳洞が広がり、そこには地下川が流れます。この地域の人たちは、石灰岩のくぼみであるドリーネやウバーレの地形を利用して、暮らし、農業を営んできました。そうした中でつくられた景観も特徴的なものです。

石灰岩がつくる特異な地形を見ることができる

●構成市区町村　山口県美祢市
●おもな施設
美祢市立秋吉台科学博物館 TEL:0837-62-0640
秋吉台国定公園(美祢農林事務所)
TEL:0837-52-1071
秋芳洞案内所 TEL:0837-62-0018

鹿児島

甑《こしき》島《しま》国定公園

海岸沿いの不思議な池

ここには、長目の浜と呼ばれる石ころでつくられた州（礫《れき》州《す》）があり、この礫州によってふさがれた湾は潟湖になっています。石ころの間を海水が通りやすいため、潮の満ち引きに合わせて湖面の高さが変化します。淡水と海水とが混ざり合った汽水環境で、この地域独特の自然現象が成立しています。

礫州や潟湖は珍しく、独特の生態系がつくり出されている

●構成市区町村　鹿児島県薩摩川内市
●おもな施設
甑島国定公園(薩摩川内市役所)
TEL:0996-23-5111
こしきしま観光局 TEL:0996-25-1140

た

な

は

ま

や・ら

アルファベット

索引

あ

か

さ

参考文献（50音順）

新しい高校地学の教科書　杵島正洋、松本直記、左巻健男編著　講談社

アフリカ自然学　水野一晴編　古今書院

絵でわかるプレートテクトニクス　是永淳著　講談社

おもしろサイエンス 地層の科学　西川有司著　日刊工業新聞社

基礎雪氷学講座Ⅳ 氷河　藤井理行、上田豊ほか著　古今書院

図解入門 最新 地球史がよくわかる本［第２版］　川上紳一、東條文治著　秀和システム

すべてがわかる世界遺産大事典（上・下）　NPO法人世界遺産アカデミー監修　マイナビ

増補版 地層の見方がわかるフィールド図鑑　青木正博、目代邦康著　誠文堂新光社

地球全史 写真が語る46億年の奇跡　白尾元理写真、清川昌一解説　岩波書店

地球全史の歩き方　白尾元理著　岩波書店

地球の科学 変動する地球とその環境　佐藤暢著　北樹出版

地形を見る目　池田宏著　古今書院

中部・近畿・中国・四国のジオパーク　目代邦康、柚洞一央、新名阿津子編集　古今書院

ニュートンムック別冊 恐竜・古生物ILLUSTRATED　ニュートンプレス

ニュートンムック別冊 恐竜の時代 改訂版　ニュートンプレス

ニュートンムック別冊 地球 宇宙に浮かぶ奇跡の惑星　ニュートンプレス

ニュートンムック別冊 地球と生命 46億年のパノラマ　ニュートンプレス

天体衝突　松井孝典著　講談社

バイカル湖 古代湖のフィールドサイエンス　森野浩、宮崎信之編　東京大学出版会

もう一度読む 数研の高校地学　数研出版編集部編　数研出版

46億年の地球史図鑑　高橋典嗣著　KKベストセラーズ

写真クレジット

【カバー】ⓒ Matt Skalski/500px/amanaimages 【扉】ⓒ TADAO YAMAMOTO/a.collectionRF/amanaimages 【P10】ⓒ Steve Munsinger/Science Source/amanaimages 【P26】 ⓒ F. Lukasseck/Masterfile/amanaimages、 ⓒ Brandon Cole/nature pro./amanaimages 【P30-31】 ⓒ Tim Hauf/Visuals Unlimited, Inc./amanaimages 【P34】ⓒ Satellite Aerial Images/UIG/amanaimages 【P36-37】ⓒ Jeremy Woodhouse/Masterfile/amanaimages 【P42-43】ⓒ TADAO YAMAMOTO/a.collectionRF/amanaimages 【P46】ⓒ池田宏、ⓒ MASAMI GOTO/SEBUN PHOTO/amanaimages、ⓒ Tim Fitzharris / Minden Pictures/amanaimages 【P48-49】ⓒ JUN MOMOI/orion/amanaimages 【P52】ⓒ TADAO YAMAMOTO/SEBUN PHOTO /amanaimages 【P53】ⓒ産業技術総合研究所地質標本館 【P54】ⓒ HIROCHIKA SETSUMASA/SEBUN PHOTO/amanaimages、 ⓒ TSUYOSHI NISHIINOUE/amanaimages 【P58-59】 ⓒ Bernhard M. Schmid/a.collectionRF/amanaimages 【P60】 ⓒ The Natural History Museum / Tru/amanaimages 【P64-65】 ⓒ Auscape/UIG/Nature Production/amanaimages 【P70-71】 ⓒ ZUMAPRESS.com/amanaimages 【P73】 ⓒ ZUMAPRESS/amanaimages 【P75】ⓒ kudo koji/Nature Production/amanaimages、ⓒ化石販売ショップFFストア 【76-77】ⓒ Ted Kinsman/science source/amanaimages 【P82】 ⓒ Michael Coyne/Axiom/amanaimages、 ⓒ SHASHIN KOUBOU/SEBUN PHOTO/amanaimages 【P86-87】 ⓒ SHASHIN KOUBOU/SEBUN PHOTO/amanaimages 【P88】 ⓒ SHASHIN KOUBOU/SEBUN PHOTO/amanaimages 【P92-93】 ⓒ KAKU SUZUKI/SEBUN PHOTO/amanaimages 【P96】 ⓒ KAKU SUZUKI/SEBUN PHOTO /amanaimages 【P98-99】 ⓒ Daryl Benson/Masterfile/amanaimages 【P102】 ⓒ Yutaka Isayama/amanaimages 、 ⓒ Philip Brownlow/Stocktrek Images/amanaimages 【P103】 ⓒ Mark Stevenson/Stocktrek Images/amanaimages、 ⓒ Jan Sovak/Stocktrek Images/amanaimages 【P104-105】 ⓒ Andreas Strauss/LOOK-foto/amanaimages 【P106】 ⓒ Mark Stevenson/Stocktrek Images/amanaimages 【P108】 ⓒ Konrad Wothe/LOOK-foto /amanaimages 【P110】 ⓒ UIG/Nature Production/amanaimages、 ⓒ TAKAYUKI UEDA/SEBUN PHOTO/amanaimages 【P114-115】 ⓒ Matt Skalski/500px/amanaimages 【P119】 ⓒ wakui toshio/nature pro./amanaimages 【P120-121】 ⓒ Xinhua/Photoshot/amanaimages 【P123】 ⓒ Science Photo Library/amanaimages 【P126-127】 ⓒ Saurabh Talbar/500px/amanaimages 【P130】ⓒ TAKASHI KATAHIRA/SEBUN PHOTO /amanaimages 【P131】ⓒ Joe Ishikawa/SEBUN PHOTO/amanaimages、ⓒ MASAMI GOTO/SEBUN PHOTO/amanaimages 【P132-133】 ⓒ B.SCHMID/a.collectionRF/amanaimages 【P137】 ⓒ Anders Ekholm/Folio Images /amanaimages 【P138-139】 ⓒ KAKU SUZUKI/SEBUN PHOTO/amanaimages 【P142】 ⓒ Alberto Biscaro/Masterfile /amanaimages 【P144-145】 ⓒ imageBROKER/amanaimages 【P147】 ⓒ imageBROKER/amanaimages 【P150-151】 ⓒ AUSCAPE/amanaimages 【P152】 ⓒ AUSCAPE/amanaimages 【P153】 ⓒ AUSCAPE /amanaimages 【P155】ⓒ FUSAO ONO/SEBUN PHOTO/amanaimages 【P156-157】ⓒ Per-Andre Hoffmann/LOOK-foto/amanaimages 【P162】ⓒ YOSHIHIRO TAKADA/a.collectionRF/amanaimages、ⓒ Visuals Unlimited/Nature Production/amanaimages 【P168】ⓒ栗駒山麓ジオパーク推進協議会 【P169】ⓒ辻村千尋

監修者紹介

●

目代邦康
（もくだい・くにやす）

1971年、神奈川県生まれ。日本ジオサービス株式会社代表取締役、日本ジオパークネットワーク主任研究員。京都大学大学院理学研究科地球惑星科学専攻修了、博士（理学）。専門は地形学、自然地理学、自然保護論。IUCN WCPA Geoheritage Specialist Groupメンバー、e-journal「ジオパークと地域資源」編集長。

企画・編集　ナイスク(naisg.com)
　　　　　　松尾里央　石川守延　細川姫花
執　筆　水野昌彦　ナイスク
装　幀　吉村朋子
本文デザイン・DTP　エルグ
図版作成　株式会社ツー・ファイブ　HOPBOX(酒井由香里)　柳 光隆
写真協力　アマナイメージズ

図解《ずかい》 世界《せかい》自然《しぜん》遺産《いさん》で見《み》る地球《ちきゅう》46億年《おくねん》

2017年1月5日　初版第1刷発行

監修者　目代邦康《もくだいくにやす》
発行人　小山隆之
発行所　株式会社実務教育出版
　　　　〒163-8671　東京都新宿区新宿1-1-12
　　　　電話　03-3355-1812(編集)
　　　　電話　03-3355-1951(販売)
　　　　振替　00160-0-78270
印　刷　株式会社文化カラー印刷
製　本　東京美術紙工協業組合

ISBN978-4-7889-1177-2　C0044
定価はカバーに表示してあります。